Andreas Buhr

Die Umsatz-Maschine

Andreas Buhr

Die Umsatz-Maschine

Wie Sie mit VertriebsIntelligenz® Umsätze steigern

GABAL
management

Bibliografische Information Der Deutschen Bibliothek

Die Deutsche Bibliothek verzeichnet diese Publikation in der Deutschen Nationalbibliografie; detaillierte bibliografische Daten sind im Internet über http://dnb.ddb.de abrufbar.

ISBN-10: 3-89749-631-3
ISBN-13: 978-3-89749-631-6

Lektorat: Dr. Sonja Klug, www.buchbetreuung-klug.com
Umschlaggestaltung: +malsy Kommunikation und Gestaltung, Bremen
Satz und Layout: Das Herstellungsbüro, Hamburg | www.buch-herstellungsbuero.de
Druck und Bindung: Salzland Druck, Staßfurt

www.gabal-verlag.de
www.gabal-shop.de
www.gabal-ist-ueberall.de

Inhaltsverzeichnis

Zum Geleit

Liebe Leserin, lieber Leser!

VertriebsIntelligenz® – das ist vielleicht ein neuer Begriff. Doch dahinter steckt ein System, das mich seit 25 Jahren umtreibt und antreibt. Ein System für ungewöhnliche Umsatzerfolge – die ich in meinem Leben auch selbst erreichen konnte.

Eine neue Richtung

Im Januar 2006 habe ich meinem Leben eine neue Richtung gegeben. Mit einem abgeschlossenen Gesamtumsatz von gut drei Milliarden Euro bei der HMI habe ich das Unternehmen verlassen, um mehr Zeit zu haben, als Referent, Trainer und Speaker anderen das zu vermitteln, was mich und uns erfolgreich gemacht hat.

Was vor 25 Jahren zunächst wie ein Praktikum parallel zu meinem Studium begann, entwickelte sich über die Zeit zu einem wachsenden Unternehmen. Ich lernte mit der HMI-Organisation einen Vertrieb in der Finanzdienstleistungsbranche kennen und nahm die Chance der Existenzgründung wahr. Ich begegnete glücklicherweise früh Menschen, die mir halfen, das für Erfolge richtige, manchmal außergewöhnliche Denken zu entwickeln – und dann auch nach meinen Entschlüssen und Entscheidungen zu handeln.

Mit der bereits 2001 gegründeten *go! Akademie für Führung und Vertrieb* (www.go-akademie.com) helfen wir nun auch anderen, ihre Umsatz-Maschinen für die Zukunft fit zu machen – mit VertriebsIntelligenz®!

Dank sagen möchte ich all denjenigen, die mir geholfen haben, der zu sein, der ich heute bin: meinen Förderern und auch meinen Kritikern.

Besonderer Dank gebührt neben dem Team der *go! Akademie* im Zusammenhang mit der Erstellung dieses Buches Dr. Christiane Gierke, Leiterin der Kommunikationsagentur *text-ur*, als Sparringspartnerin mit vielen guten Ideen und strategischem Marketingwissen *(www.text-ur.de)*.

Ihr Andreas Buhr
a.buhr@go-akademie.com

Vorwort von Cay von Fournier

Turbulente Zeiten des Umbruchs waren schon immer eine Herausforderung für Menschen und somit auch für Betriebe. Solche Zeiten sind voller Risiken. Unternehmen, die den notwendigen Wandel nicht vollziehen, werden scheitern – heute wesentlich schneller als früher. Aber Umbrüche bringen auch ungeahnte Chancen mit sich. Wirklich Großes und Neues entstand immer in Zeiten, wie wir sie gerade erleben.

Das Wissen allein ist jedoch wertlos, wenn ihm keine oder die falsche Umsetzung folgt. Wir haben genug Wissen, und es bedarf keiner neuen Theorie, sondern vielmehr der Erkenntnis und der Wege, das Erkannte in die Praxis umzusetzen. *»Das Edelste, was ich zu hoffen wage, ist, die Menschen an das zu erinnern, was sie bereits wissen.«* So hat es *Sokrates* vor fast 2500 Jahren formuliert, und diese Worte sind aktueller denn je.

Der Blutkreislauf im Unternehmen

Mit der *Umsatz-Maschine* hat *Andreas Buhr* ein praktisches Buch vorgelegt aus dem brennenden Wunsch heraus, Menschen zu motivieren, in ihren Unternehmen einen langfristigen Erfolg zu bewirken. Dies ist einer der Punkte, warum ein solches Buch auf dem Markt eine große Bedeutung hat. Es werden viele bekannte Thesen und Werkzeuge zu einem Handbuch verflochten, das den Leser inspiriert und zum Handeln auffordert. Für ein gutes Unternehmen und einen langfristigen Erfolg ist Umsatz wie der Blutkreislauf in unserem Körper lebensnotwendig. Ohne diese

»Liquidität« und den »Kreislauf« des Geldes gibt es kein unternehmerisches Leben. Umso wichtiger ist es, dass ein Mann aus der Praxis über die wichtige Kompetenz des Verkaufens schreibt. Denn Leistung wird erst zum Wert, wenn sie verkauft ist. Das vergessen leider viele Unternehmen und scheitern trotz guter Produkte, Dienstleistungen und guter Mitarbeiter. Zu einem langfristigen und großen Erfolg gehört auch eine außergewöhnliche Vertriebsleistung.

Jeder Markt ist auf seine Weise eine Herausforderung und jede verantwortungsvolle unternehmerische Leistung für sich ein Kunstwerk. Hier beginnen auch meine deutlich mahnenden Worte an die Leser dieses Buches, denn jedes Werkzeug kann zum Guten wie auch zum Bösen verwendet werden. Dies gilt z. B. für ein Messer ebenso wie für Strukturvertriebe und Multi-Level-Marketing, die vielerorts einen guten Nutzen für Kunden und Mitarbeiter geschaffen haben. Es sind aber auch Methoden, die in großem Umfang missbraucht werden, um ein vertrauensvolles Kundenverhältnis (bis hin zu Familien und Freundeskreisen) ökonomisch auszunutzen. In solchen Strukturen wird dann mit Angst und brutaler psychischer Gewalt geführt. Dies ist weder vorbildlich, noch ist es die Quelle langfristigen Erfolgs. Um so mehr hat mir im Gespräch mit *Andreas Buhr* gefallen, dass er für Werte wie Klarheit, Wahrheit und Offenheit einsteht. Es wäre schön, wenn er mit diesem Buch zu einem Vorbild gerade für Branchen wird, in denen es viel zu leicht ist, auch ohne Werte und Kompetenz finanziellen Erfolg zu haben. Leider erscheint es so, dass »die Guten« eher die Ausnahme denn die Regel sind. Ich hoffe, dieses Buch trägt dazu bei, dass wesentlich häufiger ethische Grundsätze im Vertrieb umgesetzt und gelebt werden.

Wertvolle und ethische Führung

Bemerkenswert ist es, dass *Andreas Buhr* die essenzielle Fähigkeit des Führens mit der des Verkaufens kombiniert, denn in der Tat muss ein Team geführt werden, gerade in Zeiten des Umbruchs. Auch wenn mein Verständnis von Management und Führung ein etwas anderes ist (beides sind grundsätzlich unterschiedliche Fähigkeiten, jedoch für ein Unternehmen gleich bedeutsam – daher Management *und* Führung), so freut es mich, dass Führung in seiner Bedeutung dargelegt und mit ethischen Grundsätzen und Sinnfindung in Zusammenhang gebracht wird. Das möchte ich an dieser Stelle unterstreichen, denn wertvolle Führung basiert immer auf Werten, einem guten Charakter, Glaubwürdigkeit und der Bereitschaft, wirklich Verantwortung zu tragen.

Ist Führung erlernbar?

Aus diesem Grund bin ich auch nicht ganz so optimistisch wie *Andreas Buhr*, dass Führung so einfach gelernt werden kann. Führung bedarf einer tiefen persönlichen Arbeit und der Bereitschaft, neben dem ökonomischen Erfolg eine ethische Verantwortung einzufordern. Für die vielen Beispiele, die sehr anregend sind, vermag ich dies nicht zu beurteilen. Auch sind die Beispiele aus ganz unterschiedlichen Regionen, Zeiten und Situationen gewählt und sollten daher nicht direkt miteinander verglichen werden. Aber *Andreas Buhr* bekennt sich, indem er schreibt *»Ethik und Unternehmenserfolg sind kein Widerspruch, sie bedingen sich vielmehr gegenseitig«* eindeutig zu einer Unternehmensführung, die auf guten und soliden Werten basiert. Leider wird häufig der ökonomische Erfolg als alleiniges Maß aller Dinge gesehen, trotz schöngeistiger Lippenbekenntnisse. Uns allen muss klar sein: Der Preis für unsere Freiheit ist ein ethisches und verantwortungsvolles Handeln. Nur so schaffen wir langfristig Wohlstand und Freiheit. Alle anderen Wege führen über kurz oder lang in die Zerstörung oder in die Knechtschaft einer unfreien Gesellschaft.

Ich wünsche *Andreas Buhr* viel Erfolg mit diesem Buch und den Lesern viele gute Gedanken, konsequentes Handeln, Freude am Umsatz, ein glückliches Leben in Balance und langfristigen Erfolg.

Dr. Dr. Cay von Fournier
Arzt und Unternehmer, Inhaber des SchmidtColleg
www.schmidtcolleg.de

Vorwort von Klaus Kobjoll

Kaufentscheidungen werden immer von drei Kriterien beeinflusst:

Preis – Performance – Emotion

Lippenstifte und Hoffnung

Niemand kann in der Zeit des Kundenprimats Fantasiepreise verlangen. Die Preise müssen stimmen. Was die Leistung anbelangt, steigt die untere Reizschwelle der Kunden von Jahr zu Jahr. Wir werden halt immer anspruchsvoller ... Dass die Leistung stimmt, ist quasi die Eintrittskarte in den Markt. Leider kommt das Gefühl oft noch zu kurz. Der alte *Revlon* pflegte zu sagen: *»In der Fabrik produzieren wir Lippenstifte, doch wir verkaufen Hoffnung!«*

Die emotionale Anreicherung von Produkten erfolgt aber nun mal durch Menschen. Wir alle wollen am liebsten auf charmante Art zum Kaufen verführt werden; von Personen, die von ihrer Sache begeistert sind und die dafür wirklich brennen! Aus diesem Grund habe ich in meinem Unternehmen, dem *Schindlerhof* in Nürnberg, drei Dinge in den letzten Jahren eingeführt:

1. Das Wort »Verkauf« wurde abgeschafft. Wir sprechen nur noch Kaufeinladungen aus. Und alle MitarbeiterInnen – auch die hinter den Kulissen – haben zu ihrer Funktion als Kellner oder Koch noch eine zusätzliche Aufgabe bekommen, die da heißt:

2. Wir fallen nicht mehr »mit der Tür ins Haus«, wenn wir Kaufeinladungen aussprechen, sondern wir lernen die Kunst der kleinen Schritte (Sammeln von *Permissions*, kleine Geschenke, regelmäßige Kontakte). Kein junger Mann würde in einer Diskothek ein Mädchen sofort fragen, ob sie ihn morgen heiraten wolle. Auch hier geht man wohl in kleinen Schritten vor …

Leistung TUNEn

3. Am Ende eines jeden Arbeitstages schauen alle unsere MitarbeiterInnen, gemeinsam in ihren Teams, quasi in einen imaginären Spiegel und TUNEn die Leistung des zu Ende gehenden Tages.

Dabei geht es um vier Bereiche, die wir mit den vier Buchstaben des Wortes TUNE darstellen:

T

otal beGEISTert

Touched by the Schindlerhof spirit
Touché par l'esprit de l'entreprise
totalmente inspirato dallo spirito della società

U

nterstützt durch sichere, stabile Abläufe (Prozesse)

Use of all quality standards
Utilisation de tous les standards de qualité
Utilisazione di Procedimenti sicuri, stabili

N

atürlichkeit schafft Wohlbefinden

Natural well being
Naturellement bien d'être
Naturalità del star bene

E

nergiereich

Energy / Energie / Energia

Dabei geht es eigentlich um ganz einfache Fragen:

- Haben wir heute unsere Kunden mit dem Besten unseres Unternehmens berührt?
- Hat alles geklappt, wurden unsere Standards eingehalten, war alles in Ordnung?
- Haben sich unsere Kunden heute bei uns rundherum wohl gefühlt?
- Wurden sie während ihres Besuchs bei uns auch besonders angeregt? (Verkaufsförderung heißt ja bekanntlich, Satte hungrig zu machen!)

Verhaltensänderungen

Mit dieser täglichen Übung erreichen wir – peu à peu – eine Verhaltensänderung in unseren Teams.

In der Regel sind es nämlich nicht die Verhältnisse, die einer Veränderung bedürfen, sondern lediglich unser Verhalten.

Verhaltensänderungen erreicht man nur durch ständige Wiederholung. Wir wollen, dass Verkaufswege zu Kapillarsystemen werden; dass unser Marketing vom Druck zum Sog mutiert!

Dieses Buch von *Andreas Buhr* ist auch deshalb so wichtig und wertvoll, weil eine Leistung erst dann zu einem Wert wird, wenn sie verkauft (und bezahlt) ist!

Klaus Kobjoll
Schindlerhof, Nürnberg Juni 2006

1. Teil

Umsatz-Maschinen: Es gibt sie!

1. Woran man Umsatz-Maschinen erkennt

Magere Zeiten …

Deutschland, Herbst 2005: Es scheinen magere Zeiten zu sein. Im aktuellen *Statistischen Jahrbuch* bewegen sich die Balken in den Schaubildern des Wirtschaftswachstums in dem unteren Bereich, wo sie gerade noch mit freiem Auge zu erkennen sind – wenn man gute Augen hat. Die Zahl der Insolvenzen steigt kontinuierlich, wobei allerdings die Unternehmensinsolvenzen auf hohem Niveau stagnieren. Aber wie sich Massenentlassungen, Angst vor Arbeitslosigkeit, die Belastung durch steigende Energiekosten und fast 50 000 Verbraucherinsolvenzen in 2004 auf die Konsumfreude auswirken, merken alle Unternehmen. Zumindest die, die den Großteil ihres Umsatzes im Inland erzeugen wollen. Und auch die exportstarken deutschen Unternehmen sind nicht automatisch auf der Sonnenseite. Da kann der Absatz deutlich wachsen, womöglich hält der Umsatz aber nicht mit. Die Börse straft das ab. Nur ein Beispiel: *Porsche* – einem im Übrigen äußerst vertriebsintelligent geführten Unternehmen, das in diesem Buch vorfahren wird – unterstellen einige Beobachter schon seit Längerem ein Wechselkursproblem. Das wollen wir hier nicht entscheiden – aber sicher ist, dass auch viele starke deutsche Mittelständler mit früheren, nachvollziehbaren Erfolgsgeschichten im Auslandsgeschäft Abstriche hinnehmen müssen.

… aber nicht für Umsatz-Maschinen

Und doch gibt es sie: die Unternehmer und die Unternehmen, die anscheinend eine Umsatz-Maschine im Keller haben und wissen, wie man gegen den Trend wächst; die in bereits besetzten Märkten erfolgreich sind; die neue Märkte erschließen; die stagnierende oder rückläufige Umsätze nicht kennen; und die sich schon gar nicht mit dem Hinweis auf »die schlechte Konjunktur« oder »den unberechenbaren Verbraucher« generalentschuldigen wollen. Die sich neu erfinden oder erfunden haben und wie Phönix aus der Asche zurückgekehrt sind; die einen so schlagkräftigen Vertrieb aufbauen, dass der Wettbewerb nur staunt; die sich in kürzester Zeit an die Spitze der Marktwahrnehmung setzen und dabei an den Platzhirschen vorbeiziehen; die ein Konzept, ein Bündel an Kernkompetenzen oder eine Strategie beziehungsweise ein Strategiepaket entwickelt haben, das wie eine Umsatz-Maschine das Unternehmen nach vorne zieht.

Kompetenzentwicklung führt zum Erfolg

Betriebs- und volkswirtschaftlich betrachtet ist das natürlich nie nur *einer* Strategie, nur *einer* Idee oder nur *einer* Kernkompetenz zu verdanken. Erfolg ist niemals monokausal. Aber er ist nahezu unausweichlich, wenn die Kompetenzen erkannt und entwickelt werden, die Basis dieser Strategien, dieser Ideen, dieser absoluten Vertriebs-Erfolgsorientierung sind. So denken Unternehmer, so funktionieren Unternehmen, die so erfolgreich sind, dass man sie nur selbst als Umsatz-Maschine bezeichnen kann. Gibt es nicht? Gibt es doch!

Folgen Sie mir auf einem rasanten Rundflug zu einigen vertriebsintelligenten Umsatz-Maschinen weltweit, auf allen Kontinenten. Sie alle machen etwas besonders – oder etwas Besonderes. Sie alle haben Strategien gefunden, von denen wir etwas lernen können.

Diese Strategien, so werden wir sehen, sind verschiedenen Bereichen zuzuordnen; Bereichen, die man auch als Kernkompetenzfelder bezeichnen kann. Kernkompetenzfelder bilden zusammen die ganzheitliche Kompetenz der VertriebsIntelligenz.

Auf Stippvisite bei Umsatz-Maschinen

Würth

Wir starten in Deutschland. Die *Würth-Gruppe* erwirtschaftete nach eigener Aussage im Geschäftsjahr 2004 einen neuen Rekordumsatz. Das weltweit führende Handelsunternehmen für Befestigungs- und Montagetechnik mit Sitz in Künzelsau (Hohenlohekreis) steigerte den Umsatz gemäß vorläufigem Jahresabschluss um 13,7 Prozent auf die neue Rekordmarke von 6,2 Milliarden Euro. Um Währungseffekte und Firmenzukäufe bereinigt, betrug das organische Wachstum zehn Prozent. Eine positive Umsatzentwicklung zeigte sich 2004 auch in Deutschland: Das Wachstum der *Würth-Gruppe* lag hier bei 14,6 Prozent, der Umsatz stieg auf 2,52 Milliarden Euro. Im Ausland erhöhte sich der Umsatz um 13,1 Prozent auf 3,68 Milliarden Euro.

Zum Jahresende 2004 beschäftigte die *Würth-Gruppe* weltweit mehr als 46 900 Mitarbeiterinnen und Mitarbeiter. Was Sie vielleicht besonders interessieren wird: Die Zahl der Verkäufer erhöhte sich um 11,1 Prozent auf 26 085, was die starke Vertriebsorientierung beweist.

1945 von seinem Vater *Adolf Würth* gegründet, entwickelte Professor Dr. h.c. *Reinhold Würth* die kleine Schraubenhandlung zu einem weltumspannenden Handelsunternehmen. Heute ist die *Würth-Gruppe* mit 314 Gesellschaften in 80 Ländern Marktführer im Bereich der Befestigungs- und Montagetechnik.

6,2 Milliarden Euro Umsatz sind Ihnen zu wenig? Ein Wachstum von 14,6 Prozent würden Sie noch nicht als Umsatz-Maschine bezeichnen? Na, dann heben wir mal ab.

China Mobile

Betrachten wir zunächst das Telekommunikationsunternehmen *China Mobile.* 234 Millionen Kunden hat der – nach Kundenzahl gemessene – weltgrößte Mobilfunkbetreiber im Herbst 2005. *Zai jian* – auf Wiedersehen, *Vodafone!* Und die Zahl der China-Mobilisten wächst um buchstäblich Millionen – Monat für Monat. Im Jahresvergleich sieht das so aus: In den ersten neun Monaten 2004 wurden 19,49 Millionen Neuverträge gezählt, im gleichen

Zeitraum 2005 rund 30,58 Millionen. Dabei ist das Unternehmen sehr profitabel, es steigert Umsatz wie Gewinn: den Nettogewinn in den ersten drei Quartalen 2005 um 27,6 Prozent auf 4,56 Milliarden Dollar, wie Börsendienste melden. Im gleichen Zeitraum wuchs der Umsatz des Unternehmens im Jahresvergleich um 27,8 Prozent auf 21,75 Milliarden Dollar, verlautbart *China Mobile* in einer Pressemitteilung.

»Gut«, werden Sie jetzt vielleicht sagen, »das ist ein einfaches Beispiel. Denn *China Mobile* hat in einem quasi jungfräulichen Markt begonnen, da geht es doch fast nicht ums Verkaufen, das ist ja mehr wie Verteilen.«

Wachstum trotz geringer Verbrauchereinkommen

Doch so einfach ist es wirklich nicht. Zwar gibt es mit den 1,3 Milliarden Chinesen rund 386 Millionen Haushalte. Doch geht man – als sehr grobe Richtschnur – davon aus, dass nur die mit einem Jahreseinkommen über 40 000 RMB (entspricht rund 4000 EUR) über entsprechende finanzielle Volumina für Telekommunikationsausgaben verfügen, so bleiben nach unterschiedlichen Schätzungen und Berechnungen von Experten rund 10 Prozent davon übrig. Es gibt also rund 38 Millionen Haushalte, die sich überhaupt die »Segnungen« der modernen Kommunikationsdienstleister – und vielmehr noch der Anbieter von teureren Konsumprodukten – leisten können. Die Zahl an solchen Haushalten wächst zwar, doch bei Weitem nicht so rasch wie der Markthunger der Telekommunikationsriesen.

Folgerichtig hat *China Mobile* seinen ersten Kauf außerhalb des chinesischen Kernlandes bekannt gegeben: Gegen fünf weitere Bieter hat das Unternehmen die *China Resources Peoples Telephone Co* mit Sitz in Hong Kong erworben. »Na und«, denken Sie vielleicht, »das ist ja nun wirklich am anderen Ende der Welt. Was soll uns das in Deutschland, in Europa, schon bedeuten? Was können wir daraus schon lernen?« Ich meine, wir können daraus etwas über VertriebsIntelligenz lernen. Darauf kommen wir im vierten Teil zum Thema »Marktstrategien« zurück.

Higher and Higher? Higher and Haier!

Schauen wir uns noch ein weiteres Unternehmen mit chinesischen Wurzeln an und fliegen *Higher and Haier*. Nein, kein Tippfehler. Sondern der witzig-griffige Werbeslogan des mittlerweile viertgrößten Produzenten von Elektrogeräten, LCDs und Plasma-Fernsehern, Klimaanlagen, DVD-Rekordern und Mobiltelefonen weltweit, der jetzt verspricht: *Inspired Living*. Lassen Sie sich schon mal inspirieren, denn Sie werden dieses Unternehmen wiedertreffen.

Begonnen hat *Haier* mit »weißer Ware« – nicht mit Kokain, was womöglich zu ähnlichen Umsatz- und Gewinnspannen geführt hätte, sondern mit Kühlschränken und Waschmaschinen. Gegründet 1984 im chinesischen Qingdao, wurde aus der einfachen Kühlschrankfabrik in nur 20 Jahren der viertgrößte Haushaltsgerätehersteller der Welt. Betrachtet man nur den Markt der Kühlschränke, so reden wir weltweit über den zweiten Platz. Als Marke – ebenfalls im Bereich »Kühlen« – reden wir laut *Euromonitor 2004* bereits über den Weltmarktführer.

Der *Haier*-Konzern hat das Finanzjahr 2002 mit einem Umsatz in Höhe von 9,7 Milliarden Dollar abgeschlossen, das bedeutet eine Steigerung von 13 Prozent im Vergleich zum Vorjahr. Aktuelle Zahlen: 30 000 Mitarbeiter, 96 Produktlinien und 15 000 Artikel, in 165 Ländern tätig.

Das Auslandsgeschäft begann *Haier* 1990. Rund 60 Prozent der Exportgüter gehen heute in die Europäische Union und die Vereinigten Staaten, 16 Prozent in südostasiatische Länder. 2002 betrug der Auslandsumsatz bereits mehr als eine Milliarde Dollar. Selbst in Zeiten der heftigen Finanzkrise auf den asiatischen Märkten konnte *Haier* im Auslandsgeschäft noch ein Wachstum von 36 Prozent gegenüber dem Vorjahr erreichen, schreibt *China Today*. Bald wird *Haier* zusammen mit anderen wie *Huawei, Lenovo, Ningbo Bird* oder *TCL* unter den *Fortune 500* auftauchen.

»Wir wollen Haier zu einem multinationalen Unternehmen ausbauen und die Nummer drei auf dem Weltmarkt werden«, so Vorstandsvorsitzender *Zhang-Ruimin*, der gerade eine strategische Allianz mit

der *National Basketball Association (NBA)* eingegangen ist und dies nach der Beteiligung an den Olympischen Spielen in Beijing 2008 zweite große sportliche Engagement dazu nutzt, »über die USA den Weltmarkt« weiter zu erschließen, wie die *Absatzwirtschaft* im April 2006 kommentiert. Wir werden *Zhang-Ruimin* im dritten Teil dieses Buches wiedertreffen, wo es um vertriebsintelligente Führungskompetenz geht.

Neue Strategien – nach neuen Märkten

Wachstum in neuen Märkten ist sicher eine viel versprechende Strategie, aber keine endlos viel versprechende. Denn natürlich gibt es kein ewiges Wachstum. Daher müssen Unternehmen auf immer neue und unterschiedliche Strategien zurückgreifen, um mehr Umsatz zu erzielen. *Haier* verrät auf seiner Website, welche Strategien weiter verfolgt werden. Genau 20 Jahre nach Gründung der *Haier-Gruppe* wurde *Haier Electronics Europa* in Italien gegründet; heute wird in mehr als zehn ausländischen Produktionsstätten gefertigt. Dort *»entwickelt und produziert die* Haier-Gruppe *Produkte, die nach vielen Umfragen genau auf den Geschmack und die Bedürfnisse des europäischen Verbrauchers zugeschnitten sind. So kann* Haier Electronics Europa *ein einzigartiges und verfeinertes Design, gepaart mit einfacher Handhabung, anbieten. Multimedia-Mobiltelefone, LCDs und Plasma-Fernseher, DVD-Rekorder und Heimkino-Systeme sind so entworfen, dass sie das Vertrauen des europäischen Verbrauchers treffen und eine Führungsposition im Markt sichern«*, so *Haier* über sich selbst. *Higher and Haier* eben.

Neue Vertriebsstrukturen

Das Vertrauen der amerikanischen Verbraucher scheinen die großen Multi-Level-Marketing-Unternehmen wie *MaryKay, Alticor* oder *Unicity* zu besitzen. Die *Mary Kay Inc.* vertreibt Schönheitsprodukte und gibt jährlich zweistellige Wachstumsraten seit ihrer Gründung 1963 bekannt. *Alticor* und die angegliederten Unternehmen, wovon *Amway* das auch in Europa bekannteste sein dürfte, bieten Produkte, Geschäftsmöglichkeiten im Network-Marketing, Fertigungs- und Logistikdienste in über 80 Ländern und Gebieten rund um die Welt. Für das Geschäftsjahr 2005 gibt *Alticor* auf seiner Website weltweit einen Umsatz von 6,2 Milliarden Dollar an. *Unicity* bezeichnet sich im Firmennamen als *The make life better company* und trägt seine Firmenphilosophie klar in den Markt:

»Unicity believes in improving qualities of life and does so by helping customers and associates look better (personal care), feel better (nutrition), and live better (lifestyle). By offering natural, effective products and personalized service through its network of independent distributors, Unicity operates with this mandate to ›Make Life Better‹ for millions of individuals across the globe.«

Wollen Sie mal riechen und sich pflegen wie *Michael Schumacher, Sarah Connor, Ralf Moeller, Boris Becker* oder *Heidi Klum?* Dann sind Sie bei *LR Health & Beauty Systems* mit deutschem Sitz in Ahlen richtig. *Feel good. Look great.* heißt es bei LR seit 20 Jahren, inzwischen in 26 Ländern weltweit. Mit rund 250 000 selbständigen LR-Beratern werden nach eigener Auskunft Jahr für Jahr gesteigerte Umsätze erzielt. *»2004 ist ein Rekordjahr für LR: Die 300-Millionen-Grenze wird überschritten, alle bisher da gewesenen Umsatzzahlen werden damit in den Schatten gestellt«*, schreibt LR auf der Homepage.

Nikken

Ganz ähnlich ein weiterer Umsatz-Motor: *Nikken. Nikken* ist mit rund 30 Millionen Kunden in fast 30 Ländern weltweit vertreten. 1975 von *Isamu Makuda* gegründet, ist *Nikken* heute nach eigener Aussage international führend im Bereich Wellnessprodukte und eines der größten Network-Marketing-Unternehmen der Welt. Dabei setzt auch *Nikken* auf das augenfällige »Leben« einer definierten Vision, die sich im Sinne der Kunden versteht. *Nikken* trägt seine Vision ständig vor – und vermutlich kann sie wirklich jeder Vertriebs- und Marketingmitarbeiter oder -partner auswendig vorbeten: Der Weg zu vollkommenem Wohlbefinden führt über Ausgeglichenheit im Rahmen eines Fünf-Säulen-Konzeptes. Dies umfasst einen *»gesunden Körper, gesunden Geist, eine gesunde Familie, gesunde Gesellschaft und gesunde Finanzen«*. Dafür dienen natürlich die vielfältigen Wellnessprodukte, die zusammengenommen das *Nikken Wellness Home* ergeben.

Exotische Produkte

Und nach *Nikken* kommen viele andere, die auf einen möglichst exotischen Ursprung ihrer Produkte setzen. Exotisch hören sich auch die Umsatzzahlen an, die in Selbstauskünften angegeben werden. Falls sie stimmen (sollten): Umsatz-Maschinen. Beispiel: *»Auf dem US-amerikanischen Markt hat* XanGo *bereits jeden*

Firmenrekord gebrochen«, erzählt *XanGo*-Vertreiber *I.X.E.T.* über sich. Im ersten Geschäftsjahr wurden über 40 Millionen US-Dollar umgesetzt. Im zweiten Geschäftsjahr hat sich der Umsatz auf 150 Millionen Doller erhöht. »XanGo *erzielt im Moment das gleiche Ergebnis wie* Pepsi Cola *nach 34 Geschäftsjahren«,* schwärmt *I.X.E.T.* weiter. Damit scheint das Fruchtsaftkonzentrat *XanGo* nicht nur magische Wirkung auf den Magen-Darm-Trakt zivilisationsgeschädigter Westler zu haben, sondern auch magische Wirkung als Umsatz-Maschine.

Was die in diesem Abschnitt vorgestellten Umsatz-Maschinen eint, ist nicht nur der offensive Vertrieb im Network-Marketing beziehungsweise Multi-Level-Marketing, sondern eine klar definierte Vision, ein »Marktbanner«, unter dem sich die Fähnlein der Vertriebler und Mitarbeiter scharen und mit Begeisterung in die Marktschlacht werfen.

Dies umso mehr, als die Vision jeweils vom Kundennutzen ausgeht, so dass der Vertriebsmitarbeiter – im weiteren Sinne – stolz sein darf, bei der guten Sache für das Wohlbefinden der Menschen auf der Welt zu helfen. Und natürlich sind diese Visionen auch mit konkreten Vertriebs- und Umsatzzielen hinterlegt.

Deswegen werden wir diese Unternehmen – und noch eine Reihe weiterer – im vierten Teil wiedertreffen und uns mit ihrem *Emotional Value Added EmVA* auseinander setzen.

Globalisierung nutzen

Vertriebsintelligente Unternehmen entwickeln auch das Vermögen, mit den Herausforderungen der globalisierten Wirtschaft umzugehen. Da könnten wir jetzt quasi Unternehmens-Hopping betreiben, denn gerade im deutschen Mittelstand gibt es eine Fülle von vertriebsintelligenten Unternehmen, die einen starken Auslandsvertrieb aufgebaut haben und die Umsätze im Auslandsgeschäft gegen alle Schwierigkeiten steigern können.

Trumpf

An dieser Stelle als ein Beispiel unter vielen die *Trumpf-Gruppe* in Ditzingen, für die 2004/05 wieder ein hervorragendes Geschäftsjahr war. Nach eigenen Angaben erzielte die Gruppe einen Rekordumsatz von 1,40 Milliarden Euro; die Steigerung betrug 14,3 Prozent. Das Ergebnis verbesserte sich deutlich und führte zu einer Umsatzrendite von 9,6 Prozent. Die Produkte, z.B. Werkzeugmaschinen für die Blechbearbeitung, waren in allen Weltregionen, vor allem in Nordamerika und Osteuropa, gefragt. Der Auftragseingang nahm gruppenweit um 12,5 Prozent zu und lag mit 1,47 Milliarden Euro erneut über dem Umsatz.

Nachhaltiges Unternehmenswachstum, solide finanziert: Upgrading statt Downsizing! Das ist ein weiteres Kennzeichen vertriebsintelligenter Unternehmen.

Prost Mahlzeit!

Ein letztes Beispiel führt uns nochmals nach China zurück. Oder auch gerade nicht, wie Sie gleich sehen werden, denn insbesondere die chinesischen Unternehmen wissen mit der globalisierten Wirtschaft umzugehen. Nicht nur mittels billiger Arbeitskräfte und Meisterschaft im Kopieren westlichen technischen Knowhows, wie manche Politiker und Firmenchefs immer noch argumentieren, sondern durch intelligente Vertriebsstrukturen im großen Stil.

Qingdao Brewery

Ein Prosit der *Qingdao Brewery*. Qing … wer?? Doch, kennen Sie. Denn in fast jedem China-Restaurant der Welt – und zählen Sie mal nach, wie viele es allein in Ihrer Stadt gibt! – kommt das *(Qingdao) Tsingtao*-Bier aus der Flasche auf den Tisch; 1903 von deutschen Siedlern in *Tsingtao* gegründet, wie die Website stolz vermerkt. Das deshalb nach dem Reinheitsgebot gebraute Bier ist die Nummer eins der Brand-Consumerprodukte im chinesischen Außenhandel. Und mit 1,2 Milliarden Dollar Umsatz die Nummer eins unter den Bierbrauern in China. Zwar wird das Bier in 50 Länder verschickt, doch war der Vertrieb global weit abgeschlagen. Deshalb hat die *Qingdao*-Brauerei 27 Prozent an den amerikanischen Braukonzern *Anheuser-Busch* abgegeben (Umsatz 2004: 3,367 Mrd. Dollar), der das Bier aus China durch seine weltweiten Vertriebskanäle sprudeln lassen wird – eine Allianz unter Ersten.

Und ein Merkmal für entschlossenes Handeln, Umsetzungskraft. Dazu gehört Mut – zum Risiko. Entscheidungen müssen getroffen werden. Ent-scheiden heißt immer auch, sich zugunsten einer Möglichkeit von allen anderen Alternativen zu verabschieden. Das kann wehtun. Das hat es der *Qingdao*-Brauerei sicher auch getan. Aber angesichts des aktuellen »Übernahmekrieges« auf dem riesigen chinesischen Biermarkt hat dieses entschlossene Handeln den Chinesen die Nummer-eins-Position auf den Weltmärkten vertrieblich eröffnet. Davon werden wir im fünften Teil lesen.

(Welt-)Markttrends erkennen und nutzen

Vertriebsintelligente Unternehmen setzen viel Energie in die Vorausschau, zumindest aber in das Erkennen von kommenden Markttrends. Und sie handeln dann schnell und entschlossen und erschließen sich diese innovativen Marktbereiche vertrieblich. Vertriebsintelligente Unternehmen lernen dabei von den »Agenten«, die sie draußen im Markt haben: ihren eigenen Verkäufern. Denn sie sind am nächsten an Trends, Bedürfnissen und Entwicklungen beim Kunden dran. Dazu *Lee Iacocca: »Die Händler sind im Grunde die einzigen Kunden, die das Unternehmen hat. Es ist daher ein Gebot des gesunden Menschenverstandes, sich genau anzuhören, was sie zu sagen haben.«*

Deskriptoren Umsatz-Maschinen

- Wachsen gegen den Branchentrend
- Sind erfolgreich in bereits besetzten Märkten (Verdrängung)
- Erschließen neue »synergetische« Märkte
- Erfinden sich neu oder haben sich in der Vergangenheit neu erfunden
- Haben einen äußerst schlagkräftigen Vertrieb
- Setzen sich schnell an die Spitze der Marktwahrnehmung
- Haben eine klare Vision und definierte Mission, die sie auch leben
- Zielen oftmals auf Sinn-Herstellung, erzielen damit Mehrwert und höhere Wertschöpfung
- Agieren erfolgreich in ihrer Positionierung und internationalisieren diese
- Verlassen den goldenen Mittelweg und »ticken anders«
- Setzen stark auf Produktneuentwicklung und Innovation oder sind Innovatoren
- Entwickeln eine Sogwirkung für die besten und engagiertesten Mitarbeiter
- Erreichen damit im Ergebnis erhöhte Umsätze oder Erträge und/oder höhere und weiter wachsende Umsätze im Vergleich zu Wettbewerbern

2. Verkaufen kann jeder – vertriebsintelligent werden nur wenige

Seit Eva Adam den Apfel »angedreht« hat, seit der erste Australopithecus um die behaarte Dame seines Herzens warb, seit der erste Hominide einen Tigerzahn gegen einen fetten Fisch tauschte, verkauft der Mensch.

Und spätestens seit es beim Verkauf nicht mehr nur um die Dinge des täglichen Überlebens ging, nahm der Meister seinen Lehrling beiseite und brachte ihm richtiges Verkaufen bei. So haben sich im Laufe der Zeit eine Reihe von Techniken und Tricks herausgebildet, die eingesetzt werden, wenn Güter ihre Besitzer wechseln sollen. In diesem Buch und beim System der VertriebsIntelligenz geht es um eine Strategie, Unternehmen ertragreicher in die nächsten Jahre zu führen. Upgrading statt Downsizing!

Der schönste Satz

»Unsere Zeit kennt keinen schöneren Satz als den Umsatz«, grummelte einst ein deutscher Schriftsteller. Was aber die schöngeistige Seele vielleicht stört, hält sie gleichzeitig am Leben. Denn gerade jetzt sieht man am einstigen Wirtschaftswunderland Deutschland so brutal wie demotivierend, was passiert, wenn der Umsatz fehlt: Massenentlassungen selbst in ehemaligen Vorzeigeunternehmen, Billigstpreis-Ideologie, downsizen, lean–leaner–leanest, kaputtsparen.

Es gibt nur eine Hand voll Parameter, an denen ein Unternehmen »schrauben« kann. Wenn der Weg nicht »kaputtsparen« heißt, dann heißt er klar: *Umsätze müssen steigen.* Und es gibt Unternehmen, die wahre Umsatz-Maschinen sind. Oder die anscheinend eine Idee, einen Trick, eine potente Umsatz-Maschine gefunden haben, die sie nach vorne bringt. Das nennen wir VertriebsIntelligenz!

Vertriebs-Intelligenz

VertriebsIntelligenz ist ein ganzheitliches, wertebewusstes Kompetenzmodell, das, richtig entwickelt, unweigerlich zum unternehmerischen Erfolg und zu mehr Umsatz führt:

- weil es eine echte Basis im Marktwissen hat,
- weil es eine Reihe wichtiger Kompetenzen vereint und ins richtige Verhältnis zueinander setzt und
- weil es auf der Erfahrung vieler hervorragender Vertriebsleute beruht, die bewiesen haben, dass sie ihr Unternehmen zum Erfolg führen können.

VertriebsIntelligenz – ein ganzheitliches Kompetenzsystem

VertriebsIntelligenz als ganzheitliches Kompetenzsystem ist zum ersten Mal anhand eines wissenschaftlichen Kompetenzansatzes definiert worden. Prinzipiell bedeutet dies, dass ein Unternehmen oder ein Unternehmer, eine Vertriebsführungskraft eine Reihe von Kompetenzen innerhalb von vier Kompetenzbereichen zu definierter (!) Könnerschaft entwickelt hat und anwenden können muss. Die vier Kompetenzfelder:

4 Kompetenzfelder

- V = Vertriebsvermögen
  Vertriebswissen zu Vertriebsvermögen machen
  (Teil 2)
- F = Führungskompetenz
  Excellence in Leadership: echte Führungskompetenz
  (Teil 3)

- M = Marktstrategie
  Positionierung: die durchschlagende Marktstrategie (Teil 4)
- G = Gestalterkraft
  Umsetzungskraft: Gestalterkraft bestimmt die Zukunft Ihres Unternehmens (Teil 5).

Diese vier Kompetenzbereiche stehen in Beziehung zueinander. Diese Relationen kann man in einer Formel zusammenführen und damit den VertriebsIntelligenz-Faktor eines Unternehmens, aber auch eines einzelnen Unternehmers oder einer Vertriebsführungskraft, bestimmen.

Kompetenzmatrix mit Einzelkompetenzen

Hinter den vier Kompetenzfeldern verbirgt sich jeweils eine Kompetenzmatrix mit einem aufgeschlüsselten Set an Einzelkompetenzen – Fertigkeiten und Fähigkeiten –, die in einem bestimmten Könnergrad erreicht werden müssen, um VertriebsIntelligenz als ganzheitlichen Erfolgsfaktor ausbilden zu können.

Hätte man also theoretisch in allen Kompetenzfeldern – sozial-emotionale Kompetenz, Fachwissen und Methodenkompetenz sowie Umsetzungskompetenzen – höchstmögliche Könnerschaft erreicht, wäre man theoretisch die ideale vertriebsorientierte Gestalterpersönlichkeit – oder das ideale vertriebsorientierte, marktgestaltende und -führende Unternehmen.

3. Vom Wissen zum Können zum Handeln

Potenziale entwickeln

Kommen wir von der theoretischen Welt in die tatsächliche, so werden wir feststellen, dass wir alle irgendwo in der Kompetenzmatrix Potenziale haben, die wir noch entwickeln können – und das gilt für Einzelpersonen wie für Unternehmen. Diese Potenziale kann man anhand von Tests und Assessments ermitteln, um die unternehmerische Gesamtkompetenz der VertriebsIntelligenz positiv zu entwickeln. Aber alles Wissen hilft wenig, wenn es nicht mit aktivem Handeln in Performance, in Leistung, umgemünzt wird. Womit wir bei der Gestalterkraft sind, die sich ihrerseits aus einem Set an aktivierenden und strategischen Kompetenzen zusammensetzt. Dieses Kompetenzfeld hat sich im Rahmen unserer Untersuchungen als so wichtig erwiesen, dass es sich in der Formel mit einer Potenzierung niedergeschlagen hat.

Die Gestalterkraft muss also mindestens > 1 sein, sonst berechnet sich der VertriebsIntelligenzfaktor durch die Multiplikation mit null. Soll heißen: Nur Wissen und Können reichen nicht, die PS müssen qua Gestalterkraft auch auf die Straße!

VertriebsIntelligenz ist ein ganzheitliches Kompetenzsystem mit einer Vielzahl verknüpfter Einzelkompetenzen aus den Bereichen

- **V = Vertriebsvermögen,**
- **F = Führungskompetenz,**

- **M = Marktstrategie und**
- **G = Gestalterkraft,**

die in einer definierten Weise beherrscht werden müssen, um unweigerlich zu unternehmerischem Erfolg und mehr Umsatz zu führen, den Grundfaktoren für Umsatz-Maschinen.

Betrachten wir die Unternehmen genauer, die wir auf unserem kleinen Rundflug kennen gelernt haben, so werden wir feststellen, dass sie alle etwas besonders gut machen. Ein »Etwas«, das durchaus sehr unterschiedlich ist, das sich aber immer den vier Kompetenzbereichen der VertriebsIntelligenz zuordnen lässt.

Erfolgreicher als andere

Es zeigt sich, dass es immer wieder Unternehmen und Unternehmer, Vertriebsmitarbeiter und Vertriebsführungskräfte gibt, die ganz offensichtlich sehr viel erfolgreicher in der vertriebsorientierten Unternehmensstrategie sind als andere. Sie sind anscheinend eine »Umsatz-Maschine« – oder sie haben »Umsatz-Maschinen« in ihrem Unternehmen gefunden. Wir werden im Folgenden an vielen weiteren Beispielen sehen: Diese »Umsatz-Maschinen« sind nichts anderes als Boost-Faktoren aus unseren vier Kompetenzfeldern der VertriebsIntelligenz – oder aus der Verbindung von diesen.

Wir werden sehen, dass mit VertriebsIntelligenz sogar dort Umsatzzuwächse zu erzielen sind, wo die Märkte abgegrast und aufgeteilt zu sein scheinen, wo andere im Stellungskrieg verharren, wo Bewegung eigentlich unmöglich scheint. Und das hat seinen Grund: Die meisten Unternehmen bewegen sich eben auf dem goldenen Mittelweg – und wundern sich dann, dass der dauernd verstopft ist!

Der blaue Elefant

Einfach ist es, dort zu verkaufen, wo ein Mangel an einem Produkt oder ein inhärenter Wunsch danach herrscht. Einem Durstigen verkauft sich Wasser sehr leicht, an der Bar wird er sich aber doch für Bier oder Limo entscheiden.

Da geht die Kunst des Verkaufens schon los: In der Vielfalt einen Mehrwert zu bieten, der entscheidungsrelevant für den Käufer ist.

Und richtig schwierig wird es, wenn der Käufer schon gar keinen Durst mehr hat und eigentlich mit weiterem Wasser nicht behelligt werden möchte. Dann wird man dem Wasser weitere Anwendungsmöglichkeiten – also neue Märkte – erschließen und ihm auch weitere Heilsversprechen für den Käufer bescheinigen. Mit einem guten Marketing schafft man es, Wasser zu »hypen«. Es ist das neue In-Getränk für den Durstigen, der schon alles getrunken hat. *»Man kann alles verkaufen, wenn es gerade in Mode ist. Das Problem besteht darin, es in Mode zu bringen«,* fasste der amerikanische Sozialforscher *Ernest Dichter* zusammen. Und Marketing macht Mode.

Käufer finden

»Was braucht man, um einen blauen Elefanten zu verkaufen?«, heißt eine beliebte Frage an Neu-Vertriebler. »Eine gute Argumentation«, »einen blauen Elefanten« oder »weiß nicht« lauten die häufigsten Antworten. Die Gewitzten meinen: »einen Markt für blaue Elefanten«, »einen Inder« oder »einen Zirkus«. Die Antwort ist ganz einfach: *einen Käufer.* Und das wiederum heißt, es gibt besonders intelligente Verfahren und Vorgehensweisen, selbst dort noch für Umsätze zu sorgen, wo es unwahrscheinlich oder unmöglich scheint. Oder wo das übliche Set an Verfahrensregeln aus Gesprächsstrategie und Abschlusstechnik zu kurz greift. Dann ist mehr gefordert, nämlich

- Querdenken,
- ganzheitliches Herangehen,
- Erschließen neuer Märkte, und zwar mit dem und für den Vertrieb.

Es gilt, seine Umsatz-Maschine zu finden – in den vier Kompetenzfeldern der VertriebsIntelligenz.

Wir betrachten in den nächsten Teilen des Buches die vier Kompetenzfelder genauer und sehen bei unterschiedlichen »Umsatz-

Maschinen« nach, in welchen Kompetenzfeldern sie besonders fortschrittlich oder gut entwickelt sind. Starten wir mit dem Bereich »V: vom Vertriebswissen zum Vertriebsvermögen«.

2. Teil

Aus Vertriebswissen Vertriebsvermögen machen

1. Chancen der Versicherungswirtschaft

Beste Aussichten

»Wo gibt es das noch: einen sicheren Arbeitsplatz und beste Karrierechancen? In der Versicherungswirtschaft!«, stellt das Wirtschaftsmagazin *Focus* fest. *»Ausschließlichkeitsvertriebe wie die der Hamburg-Mannheimer haben angesichts der kommenden Marktentwicklung eine glänzende Zukunft vor sich«*, prognostiziert *Hamburg-Mannheimer*-Vertriebsvorstand Dr. *Ulf Redanz*. *»Die HMI-Organisation ist sehr gut aufgestellt, um zukünftig weitere Anteile in einem wachsenden Markt zu gewinnen«*, bescheinigt Professor Dr. *Michael Zacharias*, Professor an der Fachhochschule Worms und Gründer der *Network-Academy*, der erfolgreichsten Vertriebsorganisation der *Hamburg-Mannheimer*. Diese Einschätzungen sind Ergebnis der demografischen Entwicklung und Rentenpolitik in Deutschland. Für die Assekuranz hat eine neue Ära begonnen, und Vertriebe, die sich mit Intelligenz weiterentwickeln und dynamisch auf die veränderte Marktsituation eingehen, haben sehr gute Marktchancen.

Um es mal einigermaßen pathetisch, aber nichtsdestotrotz zutreffend zusammenzufassen:

> **Die Versicherungswirtschaft in Deutschland steht vor einer großen Aufgabe. Es geht um die Zukunft der Finanzierung des Lebens von Millionen Menschen vor allem nach der Erwerbsphase. Denn Deutschland hat ein zunehmend größer werdendes Versorgungsproblem. Immer weniger Beitragszahler der gesetzlichen Renten-**

versicherung stehen einer stark steigenden Zahl von Rentenempfängern gegenüber.

Heute liegt das Rentenniveau bei durchschnittlich 57 Prozent des Nettoeinkommens, bis zum Jahr 2035 wird es auf 48 Prozent gesunken sein. Die Zahlen zeigen den »deutschen Notstand« in punkto privater Absicherung deutlich.

HMI: Vertrieb mit Intelligenz und Dynamik

Das bekannte Meinungsforschungsinstitut *Emnid* hat im Auftrag der *Hamburg-Mannheimer* eine repräsentative Befragung bei der deutschsprachigen Bevölkerung im Alter von 18 bis 65 Jahren, die sich noch nicht im Ruhestand befindet, durchgeführt. Die Ergebnisse zeigen eine große Unsicherheit der Deutschen beim Thema Altersvorsorge – und große Versorgungslücken: Beinahe drei Viertel der Deutschen plagt die Angst vor den sinkenden gesetzlichen Renten; zwei Drittel befürchten, dass sie im Alter ein unzureichendes Einkommen haben werden und ihr Lebensstandard deutlich sinken wird – selbst die Angst vor Arbeitslosigkeit oder vor Verbrechen ist geringer. Immerhin, so ergab die *Emnid*-Studie, wissen 95 Prozent der Deutschen, dass sie privat vorsorgen müssen, um im Ruhestand keine Einbußen der Lebensqualität hinnehmen zu müssen. Aber wie eine optimale Vorsorge aussehen sollte, welche Möglichkeiten für wen die besten sind, das wissen die Deutschen nicht: 72 Prozent finden die Vielzahl der Altersvorsorgeprodukte verwirrend, 60 Prozent wünschen sich mehr Informationen zur staatlichen Förderung der privaten und betrieblichen Altersversorgung.

Alle wollen am Milliardendeal teilhaben

Im Moment stützt sich die Altersvorsorge nur zu zehn Prozent auf die private und zu fünf Prozent auf die betriebliche Altersversorgung. Doch das wird sich drastisch ändern – bis zum Jahr 2010 wird allein das Neugeschäft bei Lebensversicherungen auf 25 Milliarden Euro ansteigen, sagt die *BCG-Leben-Studie 2004* der *Boston Consulting Group* voraus. Immerhin planen laut *Emnid* zwei Drittel der Befragten, in den nächsten drei bis fünf Jahren Maßnahmen zur Aufstockung ihrer Altersvorsorge zu ergreifen. 35 Prozent werden dabei auf Produkte wie die private Rentenversicherung, die betriebliche Altersversorgung oder die Kapital-Lebensversicherung zurückgreifen. Der große Informationsbedarf der Deutschen schlägt sich bei der Auswahl der Produkte und Versicherungsunternehmen nieder: Je besser die Befragten meinten, sich mit einem Produkt auszukennen, desto eher waren sie entschlossen, dieses Produkt zu nutzen.

Der Markt für Vorsorge und Vermögensbildung wird unaufhaltsam wachsen – eine Tatsache, der sich jedes Unternehmen in der Finanzbranche bewusst ist. Wer also merklich von diesen herausragenden Marktchancen profitieren, das »größte Stück vom Kuchen« haben will, muss sich vom Wettbewerb unterscheiden – in punkto Produkte, Beratung und Innovationsfreude.

Umsatz-Maschinen am Start?

Erfolgskriterien für Vertriebe

Dynamik, Flexibilität, Innovationskraft, Kundennähe und Kompetenz sind wesentliche Erfolgskriterien für Vertriebe, die überdurchschnittlich wachsen wollen. Insbesondere Ausschließlichkeitsvertriebe haben in diesem Zusammenhang große Chancen. Sie stehen seit vielen Jahren für eine hohe Identifikation mit Produktgebern und Kunden sowie für nachhaltiges Kundenbeziehungsmanagement durch Beratung und Service. *Michael Zacharias*, der einen seiner Forschungsschwerpunkte auf Direkt- und Strukturvertriebe legt, beurteilt firmengebundene Strukturvertriebe (= Multi-Level) als besonders dynamische Variante des Ausschließlichkeitsvertriebs, die mit enormen Wachstumspotenzialen rechnen können: *»Ausdauer, Fleiß, Weitsicht und klare Strategien sind wichtige Voraussetzungen für den Erfolg.«*

Vorteile des Strukturvertriebs

Der große Vorteil des Strukturvertriebs besteht darin, dass sich jeder eine selbstständige Existenz aufbauen kann, ohne eigene Investitionen tätigen zu müssen. Der Aufbau der eigenen Existenz wird besonders dadurch finanziell interessant, dass man eine eigene, selbstständige Vertriebsorganisation aufbauen kann und vom Umsatz dieser Vertriebsorganisation profitiert. Damit ergeben sich weit höhere Einkommenschancen, als wenn man als »Einzelkämpfer« Versicherungsdienstleistungen vermittelt.

Am Beispiel der USA wird die Verschiebung zugunsten dieser Formen deutlich: Wurden in 1997 rund 72 % der Umsätze im Direktvertrieb über das Multi-Level-System getätigt, so waren es im Jahre 2002 bereits 76 %. In Europa ist die Entwicklung noch nicht ganz so weit fortgeschritten. Hier liegt der Umsatzanteil des Multi-Level-Systems bei ungefähr 69 % des Gesamtumsatzes im Direktvertrieb.

Dreidimensionales Vertriebssystem greift an

»Gelingt es, die richtigen Mitarbeiter für die eigene Vertriebsorganisation zu finden, wird das ganze System sehr dynamisch, da jeder wiederum die Chance hat, zur Führungskraft mit eigener Organisation zu werden.« Folgt man Professor Dr. *Wilfrid Ennenbach,* Verfasser der Studie *Wie Organisationen lernen,* können sich Menschen im Strukturvertrieb frei entfalten. Ein starkes Zusammengehörigkeitsgefühl und eine hohe Motivation setzen ungeahnte Wachstumspotenziale frei, das kreative Potenzial ist überdurchschnittlich groß. Dies sei eine Grundvoraussetzung für Wandlungsbereitschaft und -fähigkeit sowie Erfolg.

Das Beispiel der *HMI*-Organisation der *Hamburg-Mannheimer* zeige, so *Ennenbach,* wie aus einer sehr erfolgreichen Monokultur mit einer Ein-Produkt-Philosophie im Laufe der Zeit ein noch erfolgreicheres dreidimensionales System mit verschiedenen Vertriebsansätzen – Struktur- und Agenturvertrieb sowie Fachmann für Vorsorge und Vermögensbildung – entstanden sei. Hier sei nicht stur an einem in der Vergangenheit erfolgreichen Konzept festgehalten worden, sondern dieses wurde konsequent weiterentwickelt und um einen zielgruppenspezifischen Vertriebsansatz erweitert.

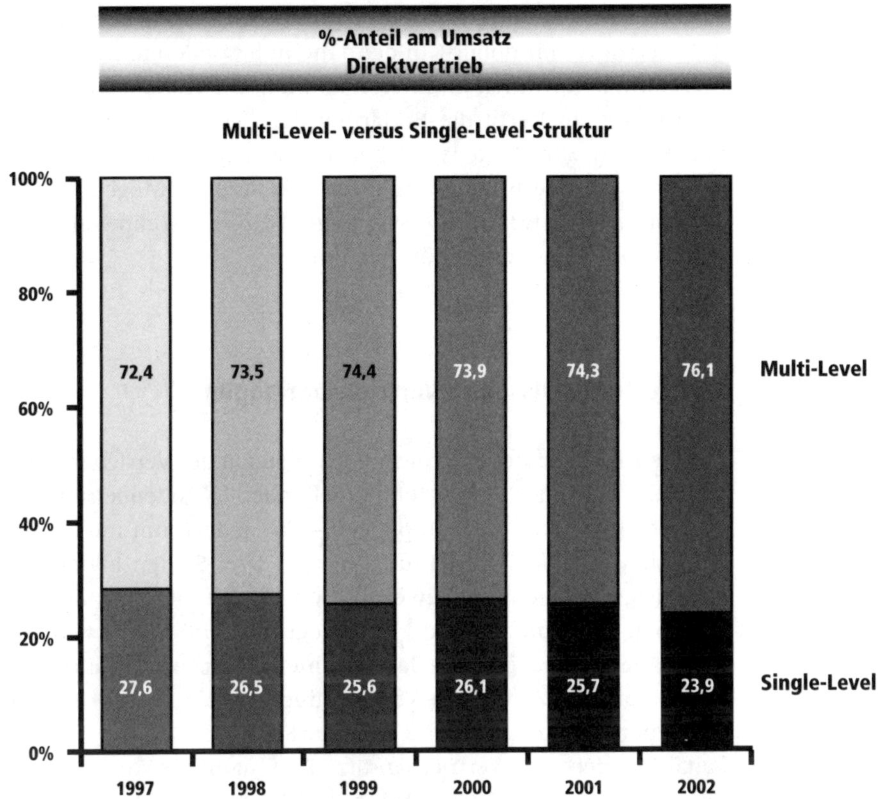

Dynamische Vertriebssysteme bringen mehr Umsatz.
Prof. Dr. M. Zacharias, bearbeitet von MFM Marketing GmbH

Professor Dr. *Fred Wagner* von der Universität Leipzig konstatiert, dass Vertriebe mit hoher Kundennähe in besonderem Maße von Marktanteilsgewinnen profitieren können. Die Kunden von heute erwarten zu Recht die Erklärung der Gesetze und Gesetzesänderungen zur Rentenversicherung, wollen Aufklärung über die Produkte und Erläuterung ihrer individuellen Möglichkeiten zur optimalen privaten Altersvorsorge. Wer hier Kompetenz und Know-how zeigt, dem gehört der Umsatz.

Von Vertriebswissen zu Vertriebsvermögen

Für die *HMI* bedeutet dies, die alten Tugenden des Versicherungsvertriebs und der damit einhergehenden Kundenbetreuung, die hoch geschätzt wird, zu pflegen – dies jedoch mit moderner, zukunftsweisender Ausrichtung zu tun. Drei Säulen bilden die Grundlage für die außergewöhnlichen Erfolge der *HMI:* Zusätzlich zu dem vor mehr als 30 Jahren gegründeten Strukturvertrieb wurde bereits vor über 20 Jahren eine Agenturorganisation ins Leben gerufen. Zu diesem Vertriebsduo gesellte sich zu Beginn des neuen Jahrtausends – als weiterer Schritt in Richtung Multikanal-Vertrieb – der Vertriebsansatz »Fachmann für Vorsorge und Vermögensbildung (FVV)«. Diese drei Vertriebswege bilden ein transparentes, flexibles und vertriebsintelligentes Netzwerk.

Der Strukturvertrieb

Die Strukturen haben den klaren Auftrag, die Organisation mit konsequenten Führungs- und Rekrutierungsinstrumenten sowie der Gewinnung von Neukunden auszubauen. Dies geschieht im Schwerpunkt über die Produktfamilie *Golden Future,* die mit ihren unterschiedlichen Varianten die jeweiligen Anlage- und Risikoprofile der Kunden berücksichtigt: mit der Kaiser-Rente, dem »Riester-Produkt« der *Hamburg-Mannheimer* und der Kaiser-Vorsorge / Plus, der »Rürup-Rente«.

Der Agenturvertrieb

Kernauftrag der *HMI*-Agenturen ist es, die Kunden dauerhaft und langfristig zu beraten, zu binden und sie durch ihre verschiedenen Lebensphasen zu begleiten. Hierfür steht die Produktpalette aus dem *ERGO*-Konzern sowie aus Fonds- und Bankenkooperationen zur Verfügung. Eine bedarfsorientierte Auswahl von Sach-, Unfall- und Rechtsschutzversicherung macht das Angebot für den Kunden komplett. Hinzu kommen Lebensversicherungstarife für andere Zielgruppen.

Fachmann für Vorsorge und Vermögensbildung (FVV)

Der Vertriebsweg FVV hat sich vor allem auf das Vorsorge-, Anlage- und Finanzierungsgeschäft spezialisiert. Im Mittelpunkt: Kunden mit hohen Ansprüchen an professionelle Vermögensanlage, mit hohem Renditebewusstsein sowie einem besonders spezifizierten Beratungsansatz.

Attraktive neue Zielkundensegmente

Als Ausschließlichkeitsvertrieb neuen Typs hat sich die *HMI* eine verstärkte Zielgruppenausrichtung auf die Fahnen geschrieben:

- Frauen
- Generation 45+
- Vereine und Verbände
- betriebliche Altersversorgung (bAV)

Frauen

Der Anteil erwerbstätiger und selbstständiger Frauen ist in den vergangenen Jahren enorm gestiegen. Mehr als zwei Drittel der Frauen sind aber bisher noch nicht ausreichend versichert. Schon heute können 80 Prozent der Frauen nicht von der gesetzlichen Rente leben. Noch immer hinken Frauen in punkto Gleichberechtigung den Männern hinterher – auch bei der gesetzlichen Rente. Im Durchschnitt erhalten Frauen im Westen Deutschlands 479 Euro monatliche Rente – das ist noch nicht einmal die Hälfte des Rentenniveaus, das ein Mann erwarten kann. Hinzu kommt die höhere Lebenserwartung der Frauen. Das ist vielen Frauen durchaus bewusst: Die zitierte *Emnid*-Studie zeigt, dass 79 Prozent der Frauen eine sinkende gesetzliche Rente befürchten und 71 Prozent einen gesunkenen Lebensstandard im Alter.

Das sind dramatische Zahlen. Der Nachholbedarf ist groß, aber er liegt weit hinter der Vorsorgewirklichkeit zurück. Der ermittelte monatliche Sparbedarf für die private Altersvorsorge von Frauen sollte bei 326 Euro liegen, der tatsächliche Sparbetrag umfasst aber nur 164 Euro. Das ist gerade einmal die Hälfte! Allein diese Fakten signalisieren:

Frauen sind ein Zukunftsmarkt – im Hinblick auf spezialisierte Produkte im Vorsorge- und Versicherungsmarkt ebenso wie bei der Schaffung von Arbeitsplätzen, insbesondere im Teilzeitbereich.

Faktor Vertriebs-Intelligenz

Die *HMI* geht auf die Bedürfnisse der Frauen ein und bietet mit dem neuen Produkt *Women's Future* finanzielle Absicherung für das Alter und eine Flexibilität, die gerade Frauen brauchen: sichere, lebenslang garantierte Einnahmen oder Kapitalabfindung, Vorteile während der Elternzeit, Schutz bei Berufsunfähigkeit und die Option auf Unfallschutz. Gleichzeitig zielt die *HMI* auf Frauen, die unternehmerisch in die Vertriebsstruktur einsteigen wollen.

Generation 45+

Allein bei der *Hamburg-Mannheimer* sind knapp zwei Millionen Kunden zwischen 45 und 65 Jahre alt. Menschen, die zum einen individuelle Vorsorgeangebote erwarten, zum anderen ihre Zukunft nicht auf den Schaukelstuhl reduziert wissen wollen. Das Leben zu genießen steht im Vordergrund, Wellness, Fitness und Anti-Aging gehören zur Planung der Best Ager – die Menschen wollen gesund alt werden und einen komfortablen Lebensstil beibehalten. Sie sind dem Thema Altersvorsorge gegenüber aufgeschlossen. Ziele wie ein Eigenheim oder Familienplanung sind längst erreicht – nun gilt es, an die Absicherung zu denken. »45Plus« – der Tarif, den die HMI speziell dieser Zielgruppe anbieten kann, berücksichtigt dies alles mit einer Renten-, Sterbegeld- und Unfallversicherung.

Faktor Vertriebs-Intelligenz

Viele Menschen der Generation 45+ suchen auch nach einer neuen Herausforderung. Sie wollen dem Leben eine neue Wende geben, vielleicht als Vorsorge-Spezialist eine neue berufliche Herausforderung suchen. Hier bietet sich mit dem besonderen

Karrieremodell der *HMI* eine interessante Plattform, denn der Einstieg ist unabhängig vom Alter möglich und eröffnet Perspektiven, die klassische Karrieremodelle »in diesem Alter« nicht mehr einräumen können.

Vereine und Verbände

575 000 Vereine und Verbände gibt es in Deutschland. Allein in Sportvereinen sind 23,6 Millionen Mitglieder engagiert. Tendenz: steigend! Die hohe Akzeptanz der *HMI* als Versicherungspartner im Sportbereich zeigen Kooperationen wie beispielsweise mit dem Fußball-Erstligisten *Hertha BSC Berlin* oder *Dynamo Dresden*.

Faktor Vertriebs-Intelligenz

Die *HMI* konzentriert sich in besonderem Maße auf Vereine beliebter Sportarten wie Fußball, Basketball, Handball oder Eishockey und nutzt auf diesem Gebiet die hervorragende Erfahrung der *Hamburg-Mannheimer* als Offizieller Versicherer und Nationaler Förderer der FIFA Fußball-Weltmeisterschaft 2006™.

Betriebliche Altersversorgung

Ein weiterer Wachstumsmarkt, dem sich die *HMI* in besonderem Maße widmet, ist die betriebliche Altersversorgung (bAV). Mit ihren vielfältigen Vorteilen für Arbeitgeber und Arbeitnehmer wird sie immer mehr unverzichtbarer Bestandteil der Absicherung, so die Prognose. Doch von circa 36 Millionen Erwerbstätigen haben sich erst circa zwölf Millionen für die bAV entschieden. Versicherer rechnen so: Es warten also noch rund 24 Millionen auf eine individuelle bAV-Lösung. Viele Analysten gehen davon aus, dass in der bAV mit den größten Steigerungsraten gerechnet werden kann und sich die Deckungsmittel bis 2030 verzehnfachen werden.

Faktor Vertriebs-Intelligenz

Die *HMI* hat sich auf diese Entwicklung eingestellt und generiert inzwischen einen beträchtlichen Anteil dieses Geschäfts der *Hamburg-Mannheimer* durch die Akquise renommierter Großunternehmen, Mittelständler und kleinerer Unternehmen. Eine *Hamburg-Mannheimer*-interne Umfrage ergab, dass 44 Prozent der hauptberuflichen *HMI*-Partnerinnen und -Partner einen Produktschwerpunkt zukünftig in der bAV sehen – mit steigender Tendenz. Und nicht zu Unrecht. In der Schweiz oder den Niederlanden erreicht die bAV bereits einen Verbreitungsgrad von

70 bis 80 Prozent – damit sind gute Perspektiven für den deutschen Markt gegeben.

Fazit Jeder der drei Vertriebswege der *HMI*-Organisation – Strukturvertrieb, Agenturvertrieb und Fachmann/(-frau) für Vorsorge und Vermögensbildung – hat sein eigenes Aufgabenprofil, jeder beschriebene Marktfokus ein Wachstumspotenzial. Diese Konzentration auf die wesentlichen Kerngeschäftsfelder ist offensichtlich sehr wirksam. Im Zusammenspiel ist dies ein echtes Alleinstellungsmerkmal auf dem Markt. So wird umfassendes Vertriebswissen ein- und konsequent im Markt umgesetzt, um Vertriebsvermögen zu erreichen.

Kompetenzbereich V:
Aus Vertriebswissen Vertriebsvermögen machen:

- Die Klaviatur des klassischen Vertriebswissens hervorragend beherrschen
- Spezifische Kompetenzen marktadaptiv zu besonderer Könnerschaft entwickeln, um ein Alleinstellungsmerkmal im Vertrieb zu erreichen
- Dies mittels Gestalterkraft nutzen, um den Markt neu »aufzuhebeln« und die erkennbaren Umsatzpotenziale zu realisieren

2. Einstellung und Kompetenzen des Verkäufers

Vertriebswissen ist nicht alles – aber ohne Vertriebswissen ist alles nichts. Das heißt: Das ganzheitliche Kompetenzsystem der VertriebsIntelligenz muss auf einer exzellenten Wissensbasis im Kompetenzbereich Vertriebswissen beruhen. Nur wenn dies gewährleistet ist, können sich auch die anderen Kompetenzfelder – die Führungskompetenz, die durchschlagende Marktstrategie und die Gestalter- und Umsetzungskraft – entfalten.

Vertriebswissen – ein weites Kompetenzfeld

Gewinnerstrategie und Wettbewerbsfaktor

Wenn es denn nun stimmt – und ich werde es in diesem Buch belegen –, dass VertriebsIntelligenz eine Gewinn- und Gewinnerstrategie und ein Wettbewerbsfaktor ist, der Ihrem Unternehmen das Überleben und eine Spitzenposition sichert und es zur Umsatz-Maschine macht –, drängt sich eine Frage auf: Welches Vertriebswissen ist entscheidend? Welches Wissen muss zwingend vorhanden sein, damit es nicht heißt: VertriebsIntelligenz, Note sechs – setzen.

Je nach Branche, genauer Vertriebstätigkeit und Art der Dienstleistungen und Produkte, die verkauft werden, existieren Unterschiede. Zum Vertriebswissen gehört eine Vielzahl an Einzelkompetenzen, die allesamt in definierter Könnerschaft erreicht werden müssen, damit sich ein Unternehmen zu einer Umsatz-Maschine entwickeln kann. Immerhin gibt es aber einige Kompetenzen, die für jede Vertriebsorganisation bedeutsam sind; zu den wichtigsten gehören:

Kompetenzen

- die »richtige« Einstellung der Verkäufer zu ihrem Business, dem Verkaufen. Entscheidend ist die »Ich vermag«-Haltung des Verkäufers, die ihn in die Lage versetzt, aus Vertriebswissen Vertriebsvermögen generieren zu können – und zu wollen;
- die Kompetenz »vertriebsintelligente Effektivität« – deren Motto lautet: »Das Richtige zur richtigen Zeit, richtig, oft und konsequent tun!«;
- das Wissen um die sieben kritischen Erfolgsfaktoren im Verkauf;
- intelligente und kundenorientierte Akquisitionsstrategien, die auf umfassendem Wissen zu Kundengewohnheiten, Kundenerwartungen und Kundenbedürfnissen sowie den möglichen Akquisitions- und Vertriebswegen beruhen;
- ein stringenter, aber dennoch flexibler Gesprächsleitfaden, mit dem Ihre Verkäufer eine vertrauensvolle Beziehung zum Kunden aufbauen und der zudem konsequent zum Abschluss führt;
- ein intelligentes Weiterempfehlungssystem, das den Kunden zum »Werbechef« macht, der Ihre Verkäufer und Ihr Unternehmen weiterempfiehlt.
- Hinzu kommen muss die so schwer fassbare Kompetenz des »begeisterten und beseelten Verkaufens«. Sie aber ist es, die aus Durchschnittsverkäufern vertriebsintelligente Topverkäufer macht.

Allgemeiner gefasst gilt: Es fallen all jene Kompetenzen unter das Vertriebswissen, die zum Wachstum Ihres Unternehmens und der vertriebsorientierten – und speziell der gewinnorientierten – Tätigkeiten beitragen. Stellen Sie die einfache Gleichung auf:

$G = U - K$ (Gewinn = Umsatz – Kosten)

und wandeln Sie sie um in

$U = G + K$ (Umsatz = Gewinn + Kosten),

dann gehören zum grundlegenden Vertriebswissen gewiss Strategien zur Steigerung des Umsatzes, und zwar durch die Steigerung der Akquisitions- und Verkaufsfrequenz und der Erhöhung der Verkaufskompetenz, durch die sich höhere Margen erzielen lassen.

Get the big picture

Das Vertriebswissen Ihrer Verkäufer setzt sich aus Einzelkompetenzen in einem bestimmten Ausprägungsgrad zusammen. Bei jedem Ihrer Mitarbeiter spielen höchst individuelle fachliche, methodische und sozial-emotionale Kompetenzen eine Rolle.

Gemeinsamer Nenner aller Kompetenzen ist, dass sie auf hohem Niveau entwickelt und in einem Zusammenhang gesehen werden müssen. Denn sie beeinflussen sich gegenseitig, hängen voneinander ab, zwischen ihnen bestehen Interdependenzen.

Wichtig für Sie ist daher, Ihre Vertriebsabteilung als Ganzes zu sehen und die Kompetenzen Ihrer gesamten Vertriebsmannschaft auf Höchstniveau zu entwickeln. VertriebsIntelligenz ist nur möglich, wenn bei jedem Mitarbeiter – einschließlich der Führungskräfte – und überall in Ihrer Vertriebsorganisation an der Stellschraube »Kompetenz« gedreht wird. VertriebsIntelligenz heißt, trotz der verwirrenden Vielzahl der Einzelkompetenzen diese stets in ihrem Gesamtzusammenhang zu sehen. Selbst dann, wenn ein vertriebsintelligenter Mitarbeiter und ein vertriebsintelligentes Unternehmen Spitzenleistungen erbringen, verlieren sie nie das Ganze aus den Augen und dem Blickwinkel, sondern reflektieren jederzeit, warum sie gerade so gut sind und welche Kompetenzen ausgebaut und erworben werden müssen, um noch besser zu werden.

Vertriebswissen darf nicht unterbewertet werden

Sollte es nicht eine Selbstverständlichkeit sein, Vertriebswissen als Basis des Erfolgs zu sehen? Zahlreiche Beispiele belegen: Ab einem gewissen Erfolgslevel wird gerade dies vergessen. Wie anders ist es zu erklären, dass im »Land der Dichter und Denker« Grundwissen derart unter die Räder der Schulpolitik geraten konnte, dass wir nun verzweifelt – nach den PISA-Schocks – bemüht sind, den Anschluss an Länder zu finden, deren Schulkinder nicht intelligenter sind als unsere, aber einfach mehr wissen?

Und wenn wir im Sport einmal den Begriff »Wissen« durch »grundlegende Fähigkeiten« ersetzen: Wie ist es zu erklären, dass wir im Fußball unsere grundlegenden und sprichwörtlichen Tugenden Einsatzwillen, Fitness und Kampf so sehr vernachlässigt haben – und unsere Fußballnationalspieler durch US-amerikanische Fitnesstrainer für die Weltmeisterschaft fit gemacht werden mussten? *Mark Verstegen,* Trainer und Präsident des Leistungszentrums *Athletes' Performance* in Arizona, hat mit ungewöhnlichen Trainingsmethoden *Ballack, Kahn* und Co. auf die WM im eigenen Land vorbereitet – und einige Nationalspieler haben ihre Freizeit geopfert, um sich in den USA für die Rückrunde der Bundesligasaison 2005/2006 in Schuss zu bringen.

Es scheint, als ob ab einem gewissen Entwicklungspunkt das Fundament eines großartigen Erfolgs aus dem Blickwinkel gerät.

Vertriebswissen darf nicht überbewertet werden

Aber gibt es nicht auch den umgekehrten Fall? Nämlich Vertriebsorganisationen, die alle Weiterbildungshebel in Bewegung setzen, um das Vertriebswissen ihrer Mitarbeiter »up to date« zu halten und auf jede Weiterbildungsmode aufspringen. Quantität schlägt dann Qualität. Die Verkäufer besuchen Seminar um Seminar, absolvieren Trainings im raschen Wechsel, entwickeln sich zu wandelnden Vertriebslexika – aber das Feuer der Begeisterung will sich einfach nicht entzünden. Ob es auch daran liegt, dass sie mit Verkaufswissen derart überfrachtet und überladen sind, dass es ihnen schwer fällt abzuheben, ihre Flügel auszustrecken, einen Kundenkontakt und einen Kunden gleichsam von oben, aus der luftigen Perspektive, zu betrachten? Um dann aus dieser Distanz souverän ihr Vertriebswissen zu aktualisieren, zu Vertriebsvermögen zu machen, es also flexibel sowie kunden- und situationsangemessen einzusetzen?

»Fachidiot schlägt Kunde tot«

Zu viel Wissen kann erschlagen, niederdrücken und behindern – das zeigt uns nicht nur die praktische Erfahrung, sondern auch die Lernpsychologie. Aber ohne Wissen ist es erst gar nicht möglich, abzuheben und sich zu Spitzenleistungen aufzuschwingen.

Es muss anerkannt werden: Ein motivierter Verkäufer wird auch ohne exzellentes Vertriebswissen durchschnittliche oder auch ganz gute Leistungen erbringen und Erfolge feiern können – im Vergleich wohl größere als ein »Fachidiot« im Verkauf, der alles weiß und mit seinen ausufernden und langweiligen Produktinformationen den Kunden »totschlägt«, aber für den Begriffe wie »Motivation«, »Begeisterung« und »Freude an der Arbeit« Fremdwörter sind, für die ihm das Wörterbuch fehlt. Überspitzt formuliert:

> **Motivation ohne Vertriebswissen kommt zwar weiter als Vertriebswissen ohne Motivation. Aber zu Spitzenleistungen wird es auch der motivierte Verkäufer nur dann bringen, wenn er über ein fundiertes Vertriebswissen verfügt.**

Übrigens gilt dies – mit den entsprechenden Abänderungen – auch für Führungskräfte. Der Kernpunkt der Führungsarbeit ist das Führen von Menschen. Darum ist die menschliche und soziale Kompetenz der Vertriebsführungskraft wichtiger als die Beherrschung von Techniken und Führungsmethoden. Gesunder Menschenverstand, Fairness, Ehrlichkeit sowie die Akzeptanz und Toleranz hinsichtlich des Mitarbeiters – das sind einige Schlüsselkompetenzen der Führungskraft. Aber auch wenn ihre Hauptaufgabe im Führen von Menschen besteht, so benötigt sie doch eine Reihe von Fertigkeiten, von Wissensmodulen, die erst die Kür des Führens ermöglichen. Ohne das Wissen, wie Arbeitsabläufe verbessert werden, wie eine Mitarbeiterkonferenz geplant wird, ohne Kenntnis der verschiedenen Gesprächsarten – vom Motivationsgespräch über das Kritik- und Konfliktgespräch bis hin zum

Verwarnungsgespräch – und der entsprechenden Gesprächstechniken bleibt aller Führungswille doch nur Geist. Gute Absichten, die nicht exekutiert werden können.

Die Einstellung macht den Unterschied

Wann ist ein Verkäufer ein Topverkäufer? Was ist es, was ihn von der grauen Masse abhebt? Zum Ersten sind es jene Kompetenzen, die er zu wahrer Könnerschaft entwickelt. Hinzu kommt als Zweites: Ein guter Verkäufer unterscheidet sich von einem schlechten Verkäufer vor allem durch seine Einstellung.

»Zu allem fähig – aber zu nichts in der Lage?«

Es ist noch gar nicht so lange her, da glaubten viele Verkaufsführungskräfte und ihre Mitarbeiter, der unbedingte Glaube an den eigenen Erfolg könne allein durch ein paar Tage – ja Stunden – Motivationstraining zu den erhofften Erfolgen führen. »Glaube an dich selbst, dann gelingt dir alles« und »alles ist möglich« – so lauteten die Glaubenssätze, die sich seinerzeit auch in der Trainingsbranche größter Beliebtheit erfreuten. Veranstaltungen mit Titeln wie *Empowering Days* und *Der Super-Motivationstag* füllten selbst riesige Sporthallen. Zutreffende Hinweise, diese Veranstaltungen entfachten nur ein kurzfristiges Motivationsstrohfeuer, wurden mitsamt denjenigen, die sie äußerten, in die Ecke mit der Aufschrift »Schwarzmaler« und »Miesepeter« gestellt. Mittlerweile ist die Euphorie natürlich verflogen, die »Alles-ist-möglich-Protagonisten« haben die Großbühnen verlassen.

Es wäre nun allerdings fatal, wenn wir – nach typisch deutscher Manier – nach dem einen Extrem in das andere verfallen und die Bedeutung von Einstellungen, Werten und Vorstellungen für den Verkaufserfolg abstreiten würden. Die Einstellung Ihrer Verkäufer ist wichtig, ja entscheidend. Allerdings geht es nicht um kurz auflodernde Begeisterung, sondern darum, die »richtige« Einstellung langfristig und nachhaltig im Verhaltensrepertoire zu verankern. Bleibt die Frage, wann die Einstellung auch die »richtige« Einstellung ist.

Die entscheidenden Aspekte:

- Verantwortung übernehmen: Visionen und Ziele formulieren und Bereitschaft mitbringen, dafür Veränderungen und Risiken zu erleben
- das Unmögliche erreichen wollen
- die »Ich vermag«-Haltung
- Zielorientierung und Konsequenz
- Resilienz: niemals, niemals, niemals aufgeben!
- die vertriebsintelligente Effektivität

Die »Ich vermag«-Haltung

Die »Ich vermag«-Haltung bedeutet zunächst: »Ich vermag, aus Wissen Vermögen zu machen.« Vertriebswissen wird dann zu Vertriebsvermögen, wenn es gelingt, es im Kundenkontakt kundenspezifisch und situationsangemessen einzusetzen. Vertriebsvermögen ist aktualisiertes Vertriebswissen. Dazu gehören Selbstbewusstsein und die – freilich durch die Realität gerechtfertigte – Überzeugung, dem Kunden etwas bieten zu können, was ihm einen hohen Nutzen bringt. Ihre Mitarbeiter müssen davon überzeugt sein und den festen Willen haben, dem Kunden den Mehrwert der angebotenen Dienstleistung oder des angebotenen Produktes verdeutlichen zu können.

Oft sieht die Realität anders aus: Viele Verkäufer sind derzeit eher geneigt, einen Berg an Problemen vor sich aufzutürmen und zu begründen, warum das Akquisitions- und Verkaufsgeschäft momentan so schwierig ist. Der Markt ist schuld, das Produkt, der Arbeitgeber – oder gar der Kunde, der sich einfach nicht von der Erstklassigkeit des Produkts überzeugen lassen will. Diese Einstellung wirkt verkaufshemmend.

Vertriebsintelligente Mitarbeiter hingegen sehen jeden Kundenkontakt als Chance, den Kunden vom Mehrwert ihrer Dienstleistungen und Produkte zu überzeugen. Sie wollen der Regisseur des Verkaufsgesprächs sein, sie sind selbstbestimmte Gestalter, keine fremdbestimmten Opfer. Sie wollen agieren, sie wollen »ins Handeln kommen« – Handel und handeln hängen schließlich eng zusammen –, sie wollen das, was sie wissen, aktiv umsetzen.

Und dafür sind sie bereit, mehr zu tun als der Durchschnittsverkäufer. Das bedeutet: Sie sind ehrgeizig, sie sind fleißig. Wer sich selbst überschätzt und wer nicht tagtäglich trainiert, um besser zu werden, muss sich auf seine Talente verlassen. Talent allein aber reicht nicht aus – wenn nicht der Fleiß und der Leistungswille hinzukommen, bleibt auch der talentierteste Verkäufer das sprichwörtliche »ewige Talent«. Der Tennisstar *Ivan Lendl* hätte wohl nicht viele Jahre lang das Herrentennis dominiert, hätte er nicht den unbedingten Einsatzwillen und Trainingsfleiß an den Tag gelegt, der ihm half, so manches Tennisgenie, das zweifellos mehr Talent besaß als er, niederzuzwingen.

Zielorientierung und Konsequenz

Im Vertrieb gilt die Faustregel: Es braucht 20 bis 30 Prozent Talent, aber 70 bis 80 Prozent Fleiß, um zu den Besten zu gehören. *Ivan Lendl* war bereit, sich im Training bis zur Erschöpfung zu quälen. Und auch der vertriebsintelligente Verkäufer weiß: Es ist die Lust notwendig, sich quälen zu können und die Grenze zu überschreiten, an der es wehtut!

Das klingt Ihnen zu martialisch? *John Wooden*, die US-Trainerlegende des College-Basketballs, hat einmal gesagt, ein Spieler, der nur bereit sei, sich zu verbessern, langweile ihn. Vielmehr müsse er bereit sein, sich mit Haut und Haaren und konsequent der Verwirklichung seiner Ziele zu verschreiben. Absolute Zielorientierung und Konsequenz zeichnen auch den vertriebsintelligenten Verkäufer aus.

Ich bin engagierter Marathonläufer. Wenn ich mich entscheide, an einem Marathon teilzunehmen, trage ich die Konsequenzen für diese Entscheidung. Es gibt einen Preis zu zahlen: morgens früher aufstehen, bei Wind und Wetter die Laufschuhe anziehen und raus! Während andere sich noch einmal im Bett herumdrehen und den Wecker vorstellen, kämpfe ich mit inneren Widerständen – echtes Überwindungstraining halt – und laufe meine

Kilometer: im Winter im Schnee und mit einer Lampe auf dem Kopf, um in der Dämmerung den Weg sehen zu können, den zu laufen ich mir fest vorgenommen habe. Kurz: Ich habe eine Entscheidung getroffen; dies zu tun und nicht danach zu handeln hieße, sich selbst nicht ernst zu nehmen.

Daher nutze ich jede Gelegenheit, mich mental auf die 42,195 Kilometer vorzubereiten. Ich gestalte in Zeiten der Vorbereitung auf einen Lauf meinen Tagesablauf so, dass ein Training möglich wird. Schließlich ist die Vorbereitungszeit die schönste Zeit, und wer sie konsequent nutzt, kann den späteren Marathon besser genießen – ja, richtig – genießen! Bei meinem ersten Marathon hatte ich davon noch keine richtige Vorstellung und bin ohne Vorbereitung einfach losgelaufen. Aus heutiger Sicht ein glatter Irrsinn. Ich kann mich nicht erinnern, jemals mehr im Sport gelitten zu haben als während des Rennens und auch danach!

Resilienz: um keinen Preis aufgeben

Wer schon einmal einen Marathon gelaufen ist, weiß, dass in dieser extrem langen Zeit mit hoher körperlicher und mentaler Belastung Situationen auftreten, in denen man am liebsten aufgeben möchte. »Warum nicht einfach aufhören, warum nicht einfach stehen bleiben, dann ist es vorbei!« Die Läufer unter Ihnen kennen das: zwischen Kilometer 30 und 35 müssen sie *the wall* überwinden, »die Wand«, die besondere Willenskraft erfordert. Entscheidend ist, über welche körperlichen und seelischen Widerstandsressourcen ich dann verfüge, wie hoch mein Durchhaltewillen ist. Und das hängt damit zusammen, wie ent-schieden man wirklich ist (bei einer Ent-Scheidung scheidet man ja auch von anderen, vielleicht einfacheren Optionen) und wie groß und klar das Ziel (in dem Fall die klar definierten 42,195 Kilometer) ist.

Erfolgreich mit belastenden Situationen umgehen kann derjenige, der über innere Stärke und Stabilität verfügt – das gilt auch für Ihre Verkäufer, die sich nicht gleich ins Bockshorn jagen lassen, wenn etwas nicht so gelingt, wie sie es sich vorgestellt haben – sie müssen über »Resilienz« verfügen. »Resilienz« bezeichnet die psychische und phy-

sische Stärke, die es Menschen ermöglicht, Tiefschläge, Krisen, Konflikte und schmerzhafte Widrigkeiten aller Art zu meistern.

Manche Verkäufer bewältigen diese Krisen deutlich besser als andere. Ihr Geheimnis: Sie orientieren sich auch in diesen Extremsituationen an erfolgsfördernden Wertevorstellungen, Überzeugungen und Verkaufserlebnissen, also an Situationen, in denen in der Vergangenheit etwas »gut gelaufen« ist. Diese positiven Erlebnisse werden auf die gegenwärtige Situation übertragen. Und dann schaffen sie auch die restlichen Kilometer – zum Marathonzielband, zum Verkaufsabschluss.

Das Unmögliche erreichen wollen

Was macht die Faszination Marathon aus? Warum gehen an jedem Wochenende irgendwo auf der Welt Tausende von Menschen an den Start, um freiwillig diese atemberaubende Distanz auf ihren zwei eigenen dürren Beinchen zurückzulegen? Ich denke, es ist der unbedingte Wille, etwas Unmögliches zu erreichen. *»Man muss das Unmögliche versuchen, um das Mögliche zu erreichen«*, so *Hermann Hesse*.

Das heißt auch: große Ziele setzen. Sehr große Ziele setzen! Kleine Geister bleiben kleinmütig und machen kleine Schritte. Man kann auch zum Erfolg trippeln. Aber es wird sehr, sehr lange dauern. Ziele müssen also groß sein, und sie müssen klar sein: klar definiert, klar umrissen.

Viele Menschen gerade in Führungspositionen, im Vertrieb und Verkauf sind zielstrebig – doch oft streben sie sehr und zielen wenig. Große Erfolge sind aber nur Menschen möglich, die sich hundertprozentig auf die Erreichung ihrer Ziele fokussieren und willens sind, konsequent hart dafür zu arbeiten. Dabei gibt es keine halben Sachen, kein »ein bisschen konsequent sein«.

Wenn Ihre Mitarbeiter nur zu 60 Prozent Ja dazu sagen, erfolgreich zu sein, machen sie den Raum frei für 40 Prozent Zweifel. Und von der Frage »Kann ich das wirklich leisten?« ist es nur ein kleiner Schritt zu all den Ausreden und Entschuldigungen, die sie dann doch davon abhalten, sich mit dem Produkt, dem Unternehmen, ihrer Verkaufstätigkeit zu identifizieren.

Vertriebsintelligente Verkäufer jedoch stehen zu 100 Prozent hinter ihren Produkten und Dienstleistungen, sie identifizieren sich voll und ganz mit ihrer Tätigkeit, sie lieben ihr Geschäft und setzen alles in Bewegung, um auf dem Gebiet der Verkaufens Spitzenleistungen zu bringen – im eigenen Interesse, in dem des Unternehmens und vor allem im Interesse des Kunden.

Verantwortung übernehmen, Veränderungs- und Risikobereitschaft

Wer agieren, wer das Verkaufsgespräch gestalten will, muss bereit sein, Verantwortung zu übernehmen. Verantwortung dafür, dass ihm vielleicht Fehler unterlaufen, Verantwortung für den Erfolg und den Misserfolg: *»Nur wer überhaupt nichts macht, macht keine Fehler«*, so *Lech Walesa*. Wobei fraglich ist, ob Misserfolg überhaupt der richtige Ausdruck ist. Sicher gibt es immer wieder Kundengespräche oder Verkaufssituationen, die nicht unserer Vorstellung entsprechend verlaufen und folglich als Misserfolg bewertet werden – weil kein definierter Erfolg, zum Beispiel ein Abschluss, zu vermelden war. Doch ist das, was wir üblicherweise »Misserfolg« nennen, nicht auch ein Resultat auf dem Weg zum Ziel? Ein Ergebnis, das uns voranbringt – nur anders als der eigentlich erwartete Erfolg, bei dem immer die Gefahr besteht, sich auf den erreichten Lorbeeren ausruhen zu wollen.

Fehler sind Feedbacks des Lebens

Es gehört zu den Grundkonstanten des menschlichen Lebens, aus Fehlern lernen zu können. Der gesamte menschliche Lernprozess hat als Basis Fehler – eigene oder fremde –, die wir als Hinweis darauf verstehen, was besser gemacht werden muss und soll. Also: Was wir oftmals als Misserfolg verbuchen, ist vor allem ein Feedback auf dem Weg zum Ziel.

Natürlich sind im Berufsleben nicht alle Fehler so lustig wie die folgende kleine Geschichte, die im Internet kursiert:

Ein schottischer Schäfer hütet friedlich seine Schafe auf den grünen Weiden. Eines Tages fährt ein beeindruckender Geländewagen vor und ein junger Mann in edlen Markenklamotten steigt aus. Der junge Mann fragt den Schäfer: »Wenn ich errate, wie viele Schafe Sie haben, geben Sie mir dann eins davon?« Der Schäfer schaut erst den jungen Mann an, dann die rundherum grasenden Schafe und meint: »Ja.«

Der junge Mann geht zurück zu seinem Offroader, holt das Notebook und das GSM raus, schließt sich ans Netz der NASA an, erkundet das Terrain per GPS, zapft allerhand Recherchemöglichkeiten an, erstellt eine Datenbank, 60 Excel-Tabellen voller Algorithmen und Exponenten, erstellt einen Report über 150 Seiten, druckt ihn auf seinem High-Tech-Printer aus und dreht sich dann um zum Schäfer: »Sie haben genau 1586 Schafe.« Der Schäfer: »Absolut korrekt, Sie können ein Schaf mitnehmen.« Der junge Mann schnappt sich ein Tier und verstaut es in seinem Kofferraum.

Darauf der Schäfer: »Und wenn ich Ihren Beruf errate, geben Sie mir dann mein Tier wieder?« Der junge Mann: »Ja, sicher.« Darauf der Schäfer: »Sie sind Unternehmensberater.« – »Wie kommen Sie denn darauf? Das stimmt!« – »Ganz einfach«, antwortet der Schafhirte, »1. Sie sind hier aufgetaucht, ohne dass jemand Sie gerufen hätte. 2. Sie möchten ein Schaf haben, weil Sie mir nach langem Getue etwas sagen, was ich schon selbst wusste. 3. Sie verstehen rein gar nichts von dem, was ich tue – und jetzt geben Sie mir meinen Hund wieder zurück!!«

Ein Gedankenspiel

Die meisten Fehler sind höchstens ärgerlich, nicht wirklich schlimm. Ein sehr einfaches Gedankenspiel verdeutlicht das. Die simple Frage: »Was ist das Schlimmste, was mir dabei passieren kann?« Meist werden Sie zu Ergebnissen kommen wie: »Dann muss ich dies oder jenes wiederholen«, »Das kostet nur ein paar Euro«, »Dann muss ich eben hingehen und mich entschuldigen«, »Dann hab ich was gelernt«; meist passiert infolge eines Fehlers nichts wirklich Schlimmes. Selbst im übelsten Fall kann man es oft mit einer Entschuldigung, in einem Vier-Augen-Gespräch oder durch Verbesserung des gemachten Fehlers aus der Welt schaffen. Und dann hat man wirklich etwas gelernt!

Sehen Sie Fehler also als Feedback des Lebens – und lernen Sie, das auch bei Ihren Mitarbeitern so zu sehen. Geben Sie dann auch das entsprechende Feedback – aber relativieren Sie einen Fehler innerlich in der Bedeutung für Sie, um die eigene Entscheidungskraft Ihrer Mitarbeiter zu bestärken.

So ersparen Sie sich selbst das Magengeschwür, das nur in schlechten Storys einen echten, toughen Manager »auszeichnet«. In Wirklichkeit zeichnet es diesen viel mehr aus, wenn er in Balance ist und kompetent mit seinen eigenen Gefühlen umzugehen weiß!

Angst vor Veränderungen

Wer sich diese Einstellung erarbeitet, verliert die Angst davor, Fehler zu machen – und hat deshalb auch den Mut, eigenständige Entscheidungen zu treffen, selbst wenn sie mit einem Risiko behaftet sind. Sind Ihre Mitarbeiter bereit, Verantwortung zu übernehmen und eigenverantwortlich Entscheidungen zu treffen? Dann werden sie auch keine Probleme mit der am weitesten verbreiteten Angst haben. Eine Angst, die eine Zeit lang sogar das ganze Land gelähmt hat: die Angst vor Veränderungen.

Dabei kann nur mithalten, wer sich stets verändert. Das gilt für Menschen, für Organisationen, für Unternehmen. Beharren auf dem Standpunkt ist nicht Konsequenz, es ist Verrückt-heit. Glauben Sie nicht? Steigen wir also noch mal in unser Flugzeug und fliegen wir, sagen wir, nach Miami in Afrika.

»Quatsch!«, höre ich Sie rufen. »Miami liegt in Florida und Florida in Amerika.« Ja, jetzt! Und doch ist Florida früher einmal ein Teil Afrikas gewesen, ein Teil, der bei der Kontinentalverschiebung an Amerika hängen geblieben ist. 200 Millionen Jahre ist das her. Wer heute auf der früher richtigen Aussage »Florida liegt in Afrika« beharrte, würde wohl für verrückt erklärt. Weil die Tatsachen sich ver-rückt, also verändert haben. Was noch heute wahr ist, ist morgen vielleicht schon falsch … schließlich geht es ja nicht immer gleich um ganze Kontinente.

Das Sankt-Florians-Prinzip

»Das hat sich so bewährt«, »Das ist Tradition«, »Das haben wir schon immer so gemacht«, »Das klappt doch nie« und »Veränderung, ja klar – aber bitte nicht bei mir und in meinem Bereich« = »Heiliger Sankt Florian, verschon mein Haus, zünd andre an« – so und ähnlich lauten die Begründungen, warum Veränderungen im Unternehmen, im Vertrieb und Verkauf, scheitern müssen und man deshalb lieber die Finger davon lassen sollte. Dieses »BUIDAGA-Denken« (»Bei Uns Ist Das Alles Ganz Anders«) ist fatal für Unternehmen und Vertriebsabteilungen, die dem Veränderungsdruck ja in ganz besonderem Maße ausgesetzt sind, die zur kontinuierlichen und kreativen Veränderung und Anpassung an die sich ständig verändernden Gegebenheiten des Marktes bereit und fähig sein müssen.

Vertriebsintelligente Mitarbeiter haben eine andere Einstellung: Sie sind bereit zur Veränderung und reflektieren ständig, wie sie sich an das sich verändernde Vertriebswissen und wie sie dies an veränderte Parameter, an wechselnde Rahmenbedingungen kreativ anpassen können. Sie tun eben das Richtige zur richtigen Zeit – richtig, oft und konsequent.

Das Richtige zur richtigen Zeit – richtig, oft und konsequent tun

Das Richtige zur richtigen Zeit, richtig und oft und konsequent tun – das ist meine Definition von *vertriebsintelligenter Effektivität.* Lassen Sie uns Stück für Stück analysieren, was vertriebsintelligente Effektivität bedeutet.

Es soll Leute geben, die die Begriffe »Effektivität« und »Effizienz« gleichsetzen – und dabei die klassische Unterscheidung übersehen:

- Effizienz heißt, die Dinge richtig tun,
- Effektivität bedeutet, die richtigen Dinge tun.

Effektiv versus effizient

Effektivität und Effizienz müssen zusammen gesehen werden, denn wer stundenlang und akribisch seine Außentermine plant und eine Excel-Tabelle nach der anderen entwirft, sich Gedanken über die dazugehörigen Formulare und Planungsinstrumente macht, geht zwar höchst *effizient* vor – indem er eine Tätigkeit richtig und konsequent plant und vielleicht auch ausübt. Aber ob er auch *effektiv* ist, also das Richtige tut? Wäre es nicht wichtiger und richtiger, endlich »ins Handeln zu kommen«, zu den Kunden Kontakt aufzunehmen und dann auch hinzufahren? Wer mithin die für die jeweilige Situation falschen, unangepassten Dinge – hier die Ausarbeitung der Excel-Tabelle zur Kundenbesuchs- und Routenplanung oder die Wahl des Planungsinstruments – immer besser, also effizienter tut, aber darüber »vergisst«, auch das Richtige in Angriff zu nehmen, wird scheitern.

Und umgekehrt: Wer eine fundierte Vertriebsstrategie entworfen hat, aber bei der operativen Ausführung schlampt, geht effektiv vor, aber höchst ineffizient. Um im Beispiel zu bleiben: Wer zwar immer wieder potenzielle Neukunden anspricht, Termine vereinbart und den Kunden vor Ort aufsucht, fährt die richtige Strategie. Macht er aber dann den Fehler, nicht nach Empfehlungen zu fragen oder schlicht die Kundenbesuche nicht effizient zu planen, rast er mit seinem Wagen vom Kundenbesuch in München nach Augsburg, um dort einen weiteren Kunden zu besuchen, um schließlich wieder nach München zu jagen – dort wartet an diesem Tag der dritte viel versprechende Kunde.

Das überspitzte Beispiel verdeutlicht: Wichtig ist beides, sowohl effektives als auch effizientes Vorgehen – aber es muss in der logisch richtigen Reihenfolge geschehen: Also erst analysieren, welche Strategie die richtige ist und welcher Weg beschritten wird, und – wenn dies der Fall ist – in diesem Rahmen festlegen, welches die effizienteste Vorgehensweise ist, die Kundenbesuche durchzuführen.

Was »das Richtige« ist, kann immer nur aus einem übergeordneten Wert abgeleitet werden, etwa aus der Kernkompetenz Ihres

Das Richtige entstammt Werten

Unternehmens oder aus den strategischen Wettbewerbsvorteilen, über die Sie verfügen und die Sie ausbauen wollen, um den Vorsprung vor dem Wettbewerb zu vergrößern. Aus diesen Überlegungen können Sie ableiten, was »das Richtige« ist. Nehmen wir an, dies sei eine Differenzierungsstrategie. Daran knüpfen Sie die operativen Maßnahmen an, die dazu führen, sich von der Konkurrenz abzuheben und zu differenzieren.

Gut – jetzt wissen wir, was es heißt, »das Richtige richtig« zu tun. Hinzukommen müssen noch die Punkte »richtiger Zeitpunkt«, Frequenz und »Konsequenz«. Wenn Sie ein neues Produkt auf den Markt bringen wollen, das sich von Konkurrenzprodukten innovativ unterscheidet, gibt es wahrscheinlich nur einen richtigen Zeitpunkt: nämlich frühzeitig, damit Ihnen niemand zuvorkommt. Internetfirmen zum Beispiel betonen, dass *time-to-market* für sie ein entscheidender Erfolgsfaktor sei. *United Internet,* ein Internet-Serviceprovider mit Sitz in Montabaur, betont auf seiner Homepage: *»Nur wenn wir in der Lage sind, früher als die Konkurrenz unsere Kunden mit innovativen Mehrwerten zu bedienen, können wir unsere Marktstellung dauerhaft festigen und ausbauen. Deshalb verfügen wir über eine schlagkräftige Entwicklungsabteilung, die Markt-Anforderungen innerhalb kürzester Zeit in neue Produkte umsetzt.«*

Aber Achtung: Nicht immer muss *time-to-market* der Weisheit letzter Schluss sein. Denn es liegt im Bereich des Möglichen, dass der Markt und der Kunde noch nicht reif sind für das neue Produkt, es also Akzeptanzprobleme geben könnte. Mit diesem Problem hatte lange Zeit die UTMS-Technik zu kämpfen, denn die interaktiven mobilen Mehrwertdienste wurden lange Zeit vom Kunden nicht angenommen. Der *First Mover Advantage* – der Vorteil des ersten Marktzutritts – kann also auch zum Nachteil ausschlagen.

Viele richtige Zeitpunkte

Den richtigen Zeitpunkt unter Effektivitäts- und Effizienzgesichtspunkten gibt es in vielen kleinen Teilprozessen des Verkaufs und Vertriebs: den richtigen Zeitpunkt für die Unternehmensgründung, für die Produkteinführung oder für die Terminvereinbarung, den richtigen Zeitpunkt, beim Kunden aufzutauchen, den richtigen Zeitpunkt für Abschlussfragen, den richtigen Zeitpunkt für Empfehlungen, den richtigen Zeitpunkt für Up-Sellings etc.

Also halten wir fest: Die richtigen Dinge müssen zum richtigen Zeitpunkt richtig getan werden. Und schließlich oft genug und konsequent verfolgt werden: *»Das Geheimnis des außerordentlichen Menschen ist in den meisten Fällen nichts als Konsequenz«*, so *Buddha*. Rückschläge sind Feedback auf dem Weg zum Ziel, Ihre Mitarbeiter dürfen sich nicht entmutigen lassen und müssen »es« immer wieder versuchen.

Von der Schaffenskraft

Erfolgreiche Vertriebsorganisationen und Unternehmen haben in der Regel eines gemeinsam: Sie verlassen herkömmliche Denkbahnen, sind offen für neue Denkweisen und produzieren innovative Ideen am laufenden Band. Es herrscht eine Atmosphäre voller Spaß und Freude an der Entdeckung des Unbekannten, der Verfremdung des Bekannten ins Ungewöhnliche. Geschäftsführung und Vertriebsführungskräfte lassen ihren Verkäufern den Spielraum, ihre Kreativität zu entfesseln, ja sie fördern diese, indem sie die entsprechenden Rahmenbedingungen schaffen.

Kreativ sein – das klingt so abgedroschen. Aber wenn wir uns den lateinischen Stamm vor Augen führen, heißt Kreativität in etwa: »schöpferisches Vermögen im Handeln und Denken«. Da taucht das Vermögen wieder auf im Doppelsinn von »Können« und »Geldwert«. Und das Schöpferische kommt zum Schaffen. Was aber können wir Besseres tun, als fördernde Rahmenbedingungen zu garantieren, damit Menschen – Ihre Verkäufer und Vertriebler – schöpferisch Vermögen schaffen!

Kreativität ist Schaffenskraft

Es liegt in Ihrer Verantwortung als Führungskraft, dass Ihre Mitarbeiter die Trampelpfade, auf denen sich alle aufhalten, gerne verlassen und sich freiwillig auf die Seitenpfade begeben, wo sie umfangreiches Material für kreative Ideen finden, neue Kunden gewinnen und die Bindung zu Stammkunden stärken.

Das Management muss die Voraussetzungen für die Entfaltung des kreativen Potenzials der Vertriebsmitarbeiter

schaffen – aber natürlich müssen die Verkäufer auch ihre kreativen Möglichkeiten nutzen. Und dies leistet der vertriebsintelligente Mitarbeiter: Ständig ist er auf der Suche nach kreativen Möglichkeiten, »das Richtige zur richtigen Zeit, richtig, oft und konsequent zu tun« – selbst da, wo keine Neuerung mehr möglich scheint.

Sie meinen, das sei eine billige Forderung? Aber mit der erforderlichen Schaffenskraft kommen vertriebsintelligente Verkäufer immer noch weiter.

Ein Beispiel 2005 verbrachte ich meinen Urlaub im Pamphilia-Robinson-Club in der Türkei. Es gab einen »Römischen Abend«; zuerst dachte ich: »Wie abgeschmackt, was soll das Kasperle-Theater?« Dann wurden die rund 700 Hotelgäste in den Hof gebeten. Und dort erwartete uns eine Überraschung: Das ganze Ambiente war darauf abgestimmt, eine antik-römische Atmosphäre zu verbreiten: stimmige Kulissen, sorgfältig arrangierte Accessoires, malerischer Sonnenuntergang, Buffet, die Gäste nahmen ihre Speisen an Sechser-Tischen im Liegen ein.

Da betrat ein Fotograf die Bühne – er wollte Erinnerungsfotos schießen und den Urlaubern natürlich verkaufen. Nur: Wer schon ist bereit, in Zeiten der Fotohandys und Digicams ein teures Foto zu kaufen? Das kann man wirklich billiger haben. Die Gäste reagierten uninteressiert bis unwillig.

Was würde ein weniger vertriebsintelligenter Verkäufer jetzt tun? Verschwinden und den miesen Geschäftsabend auf die schlechte Zeit schieben. Was aber tut der besagte Fotograf? Irgendwo besorgt er einige weiße Tuniken und Lorbeerkränze, einige Gäste legen die antike Verkleidung an, einer wird mit den Insignien der römischen Kaiser ausgestattet, bis hin zu einem Zepter mit der Aufschrift SPQR – die Abkürzung steht für *senatus populusque romanus* (das heißt: *»Senat und römisches Volk«*). Dass spitzfindige Zeitgenossen behaupten, SPQR heiße *»Sono pazzi questi romani«* und damit zu Deutsch in etwa »Die spinnen, die Römer«, trägt zur weiteren Erheiterung bei und dazu, dass jetzt Fotohandys und

Digitalkameras vergessen werden. Die Gäste streiten sich geradezu darum, dass der Fotograf auch von ihnen ein Foto macht, das sie als »Cäsar« zeigt. Und natürlich kaufen sie das Foto dann auch.

Wie also ist der Fotograf vorgegangen? Er hat die richtige Strategie gefahren, seine Kunst, das Fotografieren, zum richtigen Zeitpunkt, nämlich an jenem außergewöhnlichen Abend, einzusetzen. Dabei ist er effizient vorgegangen, indem er sich bei der Ausführung – auf der operativen Ebene – mit der Ausstattung der Gäste etwas Außergewöhnliches hat einfallen lassen; dieser kreative Einfall erst hat den Erfolg gebracht. Und diese Idee hat er konsequent durchgeführt. Und das ist es, was ich »vertriebsintelligente Effektivität« nenne!

Nehmen Sie sich Zeit zur Selbstreflexion!

Entscheidend für Ihren Vertriebserfolg ist ein profundes Vertriebswissen, das in Vertriebsvermögen umgewandelt werden muss, damit es aufseiten der Kunden zu einem Mehrwert und damit zu einer Verbesserung Ihrer Wertschöpfungsprozesse führt.

Vertriebswissen umfasst zwei Aspekte: Kompetenzen und die Einstellung zum Verkaufsprozess.

Wie sieht es mit diesen Faktoren in Ihrem Unternehmen oder Ihrer Abteilung aus? Führen Sie eine Vertriebspotenzialanalyse durch und fragen Sie sich nach möglichen Konsequenzen:

- Über welche Kernkompetenzen verfügen wir (Unternehmen, Vertriebsabteilung, Führungskräfte, Mitarbeiter)?
- Wie beurteilen Sie Ihre Verkäufer in Bezug auf ihre Einzelkompetenzen – etwa: Produktwissen, verkäuferisches Know-how (Verkaufsgespräch, Kundenorientierung, Bedarfsanalyse, Argumentationstechnik, Produktpräsentation, Einwandbehandlung, Abschlusstechnik, Fragetechnik, Zeitmanagement etc.)?
- Welche Kompetenzen müssen auf- und ausgebaut werden?
- Welche Einstellung und Motivationslage ist bestimmend (bezogen auf einzelne Mitarbeiter, auf die Gesamtorganisation)?
- Welches Vertriebsmodell nutzen Sie? Welche Akquisitions- und Vertriebswege werden genutzt – und welche nicht oder unzureichend?
- Welche kritischen Erfolgsfaktoren gibt es? Gibt es Vertriebsengpässe? Nehmen Ihre Verkäufer – zum Beispiel – zu wenig Kundentermine wahr? Akquirieren sie zu wenig Neukunden? Gewähren sie allzu großzügige Preisnachlässe?

Tipp: Vertriebswissen ist ein wichtiger Bereich Ihrer VertriebsIntelligenz – und Ihre VertriebsIntelligenz können Sie online unter www.VertriebsIntelligenz.de/vi-rechner testen und berechnen.

3. Der intelligente Weg zum Verkaufsabschluss

Das Leben ist ein Verkaufsgespräch – denn wie in jeder zwischenmenschlichen Kommunikation geht es auch im Verkaufsgespräch darum, dass die Gesprächsteilnehmer auf der Sach- und Beziehungsebene prüfen, wie sie zueinander stehen. Kommunikation verläuft stets auf zwei Ebenen. Während wir auf der Inhaltsebene vor allem verbale Informationen transportieren, teilen wir dem Gesprächspartner auf der Beziehungsebene unsere Gefühle mit und bringen zum Ausdruck, *wie* wir etwas meinen. Dabei spielt die nonverbale Körpersprache eine gewichtige Rolle.

Selbstdarstellung und Abgrenzung

Es geht also stets um Selbstdarstellung, um Selbstpräsentation, um Profilierung – und damit auch um Abgrenzung. Jeder der Gesprächspartner überprüft dabei – auch und erst recht im Verkaufsgespräch –, ob er vom anderen als »attraktiver« oder »unattraktiver«, als sympathischer oder unsympathischer Gesprächspartner empfunden wird.

So entsteht – wie *Lothar Stempfle* betont – ein »Wettbewerb«, wobei der Zweck dieses Wettbewerbs darin besteht, das eigene Profil zu demonstrieren und hervorzuheben, es mit dem des anderen abzugleichen, um schließlich den eigenen Stellenwert in dieser Beziehung festzustellen.

Kommunizieren oder profilieren?

Sie müssen sicherstellen, dass Sie selbst und Ihre Mitarbeiter keine durchschnittlichen Kommunikationsteilnehmer sind – nicht sein dürfen –, sondern dass sie zweierlei wissen, bei sich beobachten und berücksichtigen:

- Im Verkaufsgespräch müssen Sie das Profilierungsstreben des Kunden wertschätzen – mit dem Ziel, eine vertrauensvolle und emotionale Beziehung zu ihm aufzubauen, die Ihnen hilft, sich als Problemlöser dieses Kunden zu präsentieren: Wer ein Problem sichtbar besser löst als andere, kann seinen Erfolg nicht verhindern.
- Im Verkaufsgespräch geht es auch um das Profilierungsstreben des Verkäufers – aber dies darf nie so weit führen, dass der Kunde sich verschreckt und vom Ego des Verkäufers »erschlagen« zurückzieht. Dann hat er zwar den Profilierungswettkampf gewonnen, muss das Verkaufsgespräch aber verloren geben.

Von Menschen und Gockeln

Sicherlich: Die meisten Kunden brauchen Führung, sie benötigen Entscheidungs- und Handlungshilfen, die der Verkäufer anbieten sollte. Aber natürlich darf diese Führung nie dazu führen, dass der Kunde sich in die Ecke gedrängt fühlt. Viele Verkäufer machen in der so wichtigen Phase der ersten Kontaktaufnahme den Fehler, den Kunden beeindrucken zu wollen – durch immenses Produktwissen, das sie ihm geradezu entgegenschleudern. Oder sie wollen ihn durch eine besonders eindrucksvolle Gesprächseröffnung verblüffen. Kurz danach schon führen sie ihr Produkt vor, zählen einen Produktvorteil nach dem anderen auf – ohne nur im Mindesten erfragt zu haben, welchen Bedarf der Kunde hat, für welches Problem er eine Lösung benötigt.

Bei der Präsentation dann fühlt man sich an den Frontalunterricht in der Schule erinnert: Der eine – der »oberlehrerhafte« Verkäufer – redet und redet, häuft Statistiken auf, die die Produktvorteile ins rechte Licht rücken sollen, beschreibt Pinnwand und Flipchart; der andere – der Kunde als Schüler – ertrinkt in Passivität.

Wie viel wäre gewonnen, wenn der Verkäufer den Kunden aktiv in die Präsentation einbeziehen würde! Und während der Kunde eigentlich noch Fragen zum Produkt stellen will, ist der Verkäufer schon längst in der Angebotsphase, rechtfertigt den Preis. In dieser brenzligen Situation ist er schließlich ganz überrascht, laut und deutlich das Nein des Kunden zu vernehmen. »Warum nur ist es mir nicht gelungen, den Kunden zu beeindrucken? Interessiert er sich nicht für mich und meine Produkte?«, jammert der Verkäufer.

Die Profineurose Profilneurose

Da halte ich es mit *Claus Wisser*, dem Chef der *Wisser-Gruppe*, der mal äußerte: *»Besonders allergisch reagiere ich, wenn einer meiner Mitarbeiter vom Kunden erwartet, dass dieser Verständnis für seine Probleme hat, statt dass er die Probleme des Kunden löst.«*

Allein schon die Formulierungen in dem Stoßseufzer unseres Verkäufers zeigen das Grunddilemma auf: »Ist es *mir* nicht gelungen ...«, »... für *mich* und *meine* Produkte ...«, »Interessiert er sich nicht für *mich* ...« – dem Verkäufer geht es um *sein* Profilierungsstreben, *er* will den Kunden beeindrucken, der Kunde soll sich *für ihn* interessieren. Tatsächlich – es ist im Leben wie im Verkaufsgespräch: Kaum ein Mensch ist fähig, dem anderen zuzuhören, sich auf ihn und seine Welt einzulassen, auch einmal von sich selbst abzusehen. Wenn Sie mich fragen: Es ist höchste Zeit für einen Paradigmenwechsel!

Intelligente Vertriebsstrategien für intelligente Kunden

Achten Sie einmal in Ihrem Privatbereich darauf: Bei den meisten Menschen ist das meistbenutzte Wort das Wörtchen »ich«. Sicherlich: Jeder lebt in seiner Welt und ist dort die wichtigste Person. Vertriebsintelligente Verkäufer jedoch beherrschen die Kunst, sich in die Welt eines anderen Menschen zu begeben, den Kunden in den Mittelpunkt zu stellen und eine Angelegenheit aus dessen Perspektive wahrzunehmen und zu beurteilen.

Man muss nicht in der Pfanne gelegen haben, um zu wissen, wie sich ein Schnitzel fühlt.

Kein Einkaufsautomat

Dazu verhilft schon ein einfacher Trick: *Walk in his shoes.* Versetzen Sie – und natürlich Ihre Verkäufer – sich möglichst intensiv tatsächlich in die Rolle des Käufers, empfinden Sie die Gesprächssituation aus seiner Warte, beobachten Sie Ihrer beider Körpersprachen, denken Sie in seinen Vorwänden, berücksichtigen Sie seine budgetären oder anderen Limitationen. Wie fühlen Sie sich? Baut sich eine Abwehrhaltung in Ihnen auf, oder fühlen Sie sich ernst genommen und als Mensch angenommen? Denn der Käufer ist ja nun nicht ein Einkaufsautomat, er ist in allererster Linie ein Mensch. Mit einem Leben, mit einer Familie, die ihn heute Morgen furchtbar genervt hat, mit gesunder Liquidität im Unternehmen – oder nicht, mit Magengeschwür – oder nicht, mit Karriereknick – oder Karrieresprung. Und leider ist er nicht verpflichtet, all das aus seinen Betrachtungen »herauszurechnen«, wenn er entscheidet, ob Sie und Ihr Produkt, ob Ihre Verhandlungsführung und Ihre Dienstleistung attraktiv für ihn sind – oder nicht.

Natürlich können Sie diese Faktoren weder kennen noch aufgreifen oder beeinflussen. Aber Sie können wissen, dass sie wichtig sind – und dass daher der Kunde das unbedingte Gefühl braucht, dass er im Zentrum Ihres Interesses steht, dass er Ihre Aufmerksamkeit hat, das er als Ganzes wahrgenommen und nicht auf die Funktion Geldbeutel reduziert wird. Und dann steht nicht der Verkäufer im Mittelpunkt des Verkaufsgesprächs, sondern der Kunde. Und das hat bedeutende Folgen:

Im vertriebsintelligent geführten Verkaufsgespräch bringt der Verkäufer den Kunden dazu, von sich zu sprechen. Es gelingt ihm, dem Kunden das berechtigte Gefühl zu vermitteln, dass er sich für ihn und seine Bedürfnisse, Wünsche und Erwartungen interessiert.

Damit Sie mich nicht falsch verstehen: Es geht nicht um Selbstaufgabe oder Selbstpreisgabe, nicht darum, hinter dem anderen, dem Kunden, gesichtslos zu verschwinden. Es geht schlicht und einfach darum, sich davon zu verabschieden, dass die Fragen, wie wir verkaufen, welche Strategien, Techniken und Methoden wir am besten im Verkaufsgespräch einsetzen sollen, die bestimmenden sind.

Fragen im Mittelpunkt

»Müssen wir jetzt also aufhören, unsere Verkäufer in den Bereichen Einwandbehandlung, Abschlusstechniken und Vertriebsstrategie zu schulen?«, werden Sie fragen. Nein, natürlich nicht. Wichtig aber ist eine kräftige Akzentverschiebung, wichtig ist, Fragen in den Mittelpunkt zu rücken wie:

- Warum kaufen Kunden – und warum nicht?
- Wer ist mein Kunde und was will er wirklich?
- Wie kann ich meinem Kunden am besten dabei helfen … zu kaufen?

Ganz einfache Fragen – aber dazu ist ein Umdenken notwendig. Und das ist schwer. Ein Beleg dafür ist die Diskussion in Fachzeitschriften und Medien, welchem Verkäufertypus die Zukunft gehört – dem Hardseller, der auf den Abschluss fixiert ist, oder dem Softseller, der den vertrauensvollen Beziehungsaufbau anstrebt. Heftig wird debattiert, ob derjenigen Vertriebsorganisation der Umsatzeinbruch droht, die zu »soft« vorgeht und darüber das Hardselling und ihr eigentliches Geschäft vernachlässigt, nämlich das Verkaufen. Oder doch eher der Vertriebsmannschaft, die unnachgiebig den Abschluss sucht und dabei das zarte Pflänzchen »Kundenbeziehung« zerstört.

Wider die Spiegelfechterei!

Zu pauschal wird da die falsche Diskussion geführt. Hardselling oder Softselling – das ist nicht die Frage. Es kommt auf den Kunden an. Jedes Ding hat zwei Seiten – mindestens. Der vertriebsintelligente Mitarbeiter sieht sie alle. Bei dem einen Kunden verfängt jene, bei dem anderen diese Vorgehensweise. Jeder Kunde ist anders – diese Andersartigkeit und deren Bedeutung für das Verkaufsgespräch zu bedenken ist wichtiger als die Konzentration auf den eigenen Bauchnabel. Legen wir doch endlich die Ego-Brille ab und blicken über den Tellerrand unserer standpunktverhafteten Ich-Perspektive hinaus! Die Kernfrage lautet: Welche Fragen stelle ich meinem Kunden?

Nehmen wir als Beispiel einen Finanzprofi, der mehrere Kundengespräche am Tag führt. Bei so gut wie jedem Kundenkontakt hat er es mit einem anderen Kundentyp zu tun. Der eine Kunde will Sicherheit oder Lebensqualität »kaufen«, der zweite eine hohe Rendite einfahren, der dritte die Ausbildung der Tochter finanzieren, der vierte weiß selbst nicht so genau, was er eigentlich will. Um diesen verschiedenen »Kundenwelten« gerecht werden zu können und jedem Kunden das zu bieten, was er wünscht, muss sich der Kundenberater in die jeweilige Kundenwelt versetzen. Nur so gelingt es ihm, sich auf die Wellenlänge des Kunden einzuschwingen und ihm dasjenige Produkt anzubieten, das ihm *aus dessen Sicht* den höchstmöglichen Nutzen bietet. Gefragt ist mithin der Wille des Kundenberaters zum Perspektivenwechsel, die Intelligenz, sich in andere hineinzuversetzen und deren Perspektive einzunehmen.

Eine praktische Konsequenz: Der gute Finanzberater »erschlägt« den Kunden zu Beginn des Beratungsgesprächs nicht mit Produktinformationen zu all den »tollen« Fonds, Rentenversicherungen und Anlagemöglichkeiten, sondern bringt zunächst einmal durch aktives Zuhören und offene Fragen in Erfahrung, in welcher Situation sich der Kunde befindet, welche Erwartungen er mit seiner Investition verbindet, welchen monatlichen Betrag er sparen kann und will und welche Ziele gemeinsam erreicht werden sollen und können.

Der zum Perspektivenwechsel fähige Berater präsentiert seine Nutzenargumentation erst, wenn er die Kundenwelt aufgeschlüsselt und erkundet hat. Und dann stimmt er seine Argumentation auf die konkreten Wünsche des Kunden ab. Das heißt:

> **Natürlich zeigt auch der vertriebsintelligente Verkäufer Biss, Konsequenz und Orientierung auf den Abschluss. Aber dieser Orientierung ist die Einstellung vorgeschaltet, dass der Kunde in allen Beratungs- und Verkaufsgesprächen die wichtigste Person ist und bleibt. Durchschnittliche Verkäufer entwickeln eine Vertriebsstrategie und einen Leitfaden für das Verkaufsgespräch, um dann den Kunden anzusprechen. Vertriebsintelligente Verkäufer schauen erst einmal, mit wem sie es zu tun haben – und entwickeln anschließend eine vertriebsintelligente Strategie für den jeweiligen Kunden, die ihm hilft, Kaufentscheidungen zu treffen. Und ein Topverkäufer ist derjenige, der anderen, seinen Kunden, am besten hilft zu kaufen.**

Der amerikanische Anthropologe und Soziologe *Paco Underhill* hat es so ausgedrückt: *»Schaut den Kunden beim Einkaufen zu und lernt daraus!«* In Abänderung eines der berühmtesten Zitate der Weltgeschichte – nämlich von *John F. Kennedy* – möchte ich es folgendermaßen formulieren: »Frage nicht, was dein Kunde für deinen Umsatz wert ist – frage, was du für deinen Kunden tun kannst!«

Der Kunde – das unbekannte Wesen?

Keine Frage – der Kunde hat sich gewandelt. In den meisten Branchen und Bereichen ist der Käufermarkt Realität: Nicht der Verkäufer bestimmt die Bedingungen der Marktprozesse, sondern der Käufer, der Kunde. Er ist wählerisch, durch Medien und Internet sehr gut informiert, er ist mündig. Im Verkaufsgespräch stellt er Fragen, zapft Verkäuferwissen ab – und trotzdem hat eine Studie ergeben: Wenn ein Verkäufer im Einzelhandel einen Kunden persönlich begrüßt, erhöht sich die Wahrscheinlichkeit, dass er Produkte kauft, die er nicht zur Befriedigung des unmittelbaren Bedarfs benötigt, um 300 Prozent! Schon eine kleine, fast selbstverständliche Geste wie die persönliche Begrüßung veranlasst auch den mündigen und informierten Kunden, Kaufentscheidungen zu treffen.

Jeder Verkäufer kann seinen Markt wieder zu einem Verkäufermarkt machen, indem er im Kunden nicht nur eine potenzielle Möglichkeit sieht, eine Provision einzustreichen, sondern den Menschen im Kunden entdeckt.

Das »Fünf-Stufen-Verkaufsgespräch«

Welche praktischen Konsequenzen hat das Vorgesagte nun für die Königsdisziplin des Verkäufers: das Verkaufsgespräch? Für den vertriebsintelligenten Mitarbeiter stellt das Verkaufsgespräch kein Problem dar, sondern eine permanente Herausforderung, in der Interaktion mit einem Menschen seine Fähigkeit unter Beweis zu stellen, diesem Gesprächspartner genau das anzubieten, was er benötigt. Dazu braucht er psychologisches und rhetorisches Handwerkszeug und auch einfach den gesunden Menschenverstand (wie bei der selbstverständlichen und doch so seltenen persönlichen Begrüßung auch im Einzelhandel, etwa wenn der Kunde vor die Verkaufstheke tritt).

Die sieben Erfolgsfaktoren

Dazu gehört zudem das Wissen um die sieben kritischen Erfolgsfaktoren im Vertrieb, die vor, während und nach dem Verkaufsgespräch beachtet werden müssen:

Erfolgsfaktor 1 – die Akquisition

Viele Verkäufer vernachlässigen die Akquisition – dabei ist sie die »Mutter« aller Kundenbesuche und -kontakte. Umsatz-Maschinen sind auch immer Akquisitions-Maschinen. *Jürgen Ratzkowski,* Geschäftsführer der *Bellheim Akquisition Beratung & Training GmbH,* kommt in seinem Buch *Keine Angst vor der Akquise* zu dem Ergebnis, dass die Akquisition bei den meisten Verkäufern immer noch ein angstbesetztes Thema ist. Dazu wurden viele Interviews mit Vertriebsvorständen, Geschäftsführern und Bereichsleitern aus den Bereichen Banken / Sparkassen, Leasing, Investmentfonds,

Pharma (Hersteller / Großhändler), Informationstechnologie und Automobil geführt. Akquise ist gekennzeichnet durch

- hohe persönliche Widerstände gegen die direkte Kontaktaufnahme,
- Angst vor Enttäuschung und Ablehnung,
- eine vorgefertigte Meinung über die Erfolglosigkeit von Akquisition,
- defensives Verhalten in Kontaktaufnahme und Verhandlung,
- große Scheu, in einen persönlichen Kontakt zu gehen, und
- die Angst vor Misserfolgen.

Das sind die Gründe, warum es den wenigsten Verkäufern – und damit den Vertrieben – gelingt, eine Verkaufspipeline aufzubauen, die es erlaubt, Menschen zu Käufern zu machen.

Erfolgsfaktor 2 – Harmonie

Der Verkäufer verwendet Energie und Kraft darauf, eine vertrauensvolle Beziehung zum Kunden aufzubauen. Und er weiß: Das Vertrauen eines Kunden zu gewinnen, dauert lange, oft Jahre. Es zu verlieren, Minuten, ja Sekunden.

Erfolgsfaktor 3 – Problemidentifikation und Lösungsvorschlag

Der Verkäufer stellt fest, welche Wünsche und Bedürfnisse des Kunden genau vorliegen und wie sein Produkt oder seine Dienstleistung diese Kundenbedürfnisse befriedigt. Indem er das eigentliche Problem des Kunden identifiziert, kann er ihm den direkten Nutzwert seiner Leistung unmittelbar vor Augen führen. Angenehmer »Nebeneffekt«: Im Mittelpunkt des Verkaufsgesprächs steht nicht mehr nur allein der Preis, sondern der Nutzen, den der Verkäufer bieten kann. Im Idealfall ist der Preis für den Kunden dann nahezu egal, denn er hält das Produkt für preis-wert, also den Preis wert, den es nun einmal kostet.

Erfolgsfaktor 4 – die Präsentation

Der Verkäufer verdeutlicht dem Kunden, dass sein Produkt oder seine Dienstleistung punktgenau auf ihn zugeschnitten ist.

Erfolgsfaktor 5 – auf Vorbehalte/Argumente reagieren

Der Verkäufer weiß, dass Argumente, Fragen und Einwände des Kunden oft auch Kaufsignale sind.

Erfolgsfaktor 6 – der Abschluss

Der Verkäufer hat keine Scheu davor, den Kunden zu einer dezidierten Antwort auf sein Angebot zu bewegen. Er weiß, was dem Kunden fehlt, wenn er *nicht* kauft! Er ist überzeugt von dem, was er verkauft, er identifiziert sich mit seinen Produkten und Dienstleistungen und wirkt durch seine Begeisterung auch überzeugend auf andere.

Erfolgsfaktor 7 – Wiederverkäufe und Empfehlungen

Der Verkäufer gestaltet Verkauf und Service so, dass der Kunde wiederkommt, also Stammkunde wird, und ihn aktiv weiterempfiehlt.

Die Ergebnisse der ständigen Reflexion dieser entscheidungskritischen Erfolgsfaktoren im Vertrieb und der unbedingte Wille, den Kunden in den Mittelpunkt zu stellen, fließen ein in ein fünfstufiges Verkaufsgespräch. Aber noch einmal: Gehen Sie nicht den zweiten Schritt vor dem ersten; Ihre Mitarbeiter und Sie müssen erst den (potenziellen) Kunden kennen lernen – und dann den kundenspezifischen Leitfaden für das Verkaufsgespräch entwickeln. Das bedeutet: Die Systematik des Verkaufsgesprächs, die ich Ihnen gleich vorstelle, stellt nicht mehr – aber auch nicht weniger – als ein Geländer dar, das Ihren Verkäufern einerseits Halt und Sicherheit, aber gleichzeitig Spielraum für die individuelle Ausgestaltung gibt. Wie nah Sie an diesem Geländer die Treppe zum Verkaufsabschluss hochsteigen, ist stets vom konkreten Verlauf des Kundengesprächs abhängig – und der lässt sich nicht vorausplanen.

Voraussetzung: exzellente Akquisition

Doch bevor Sie jenes Geländer kennen lernen, noch ein Wort zur Akquisition: Um einen Termin zu bekommen, sind vor allem Ausdauer und Konsequenz sowie Kreativität notwendig. Und Telefon-Power. Denn das Telefon ist das wichtigste Akquisitionsinstrument. Wer in dieses Thema tiefer einsteigen will, dem seien die Bücher von *Klaus-J. Fink* empfohlen.

Für unseren Zusammenhang genügt folgender Hinweis: Die Akquisitionsaktivitäten intelligent agierender Vertriebe zeichnen sich aus durch:

Intelligente Akquisitionsaktivitäten

- *Systematische Akquisition:* Ihre Mitarbeiter arbeiten effizient und effektiv, setzen sich klare und eindeutige Ziele und entwerfen konkrete aktivitätenbasierte Umsetzungspläne, um diese Ziele zu erreichen. Sie richten ihr tägliches Handeln an diesen Zielen aus und verschwenden keine Zeit mit unnötiger Bürokratie.

- *Gute Vorbereitung und Planung:* Ihre Mitarbeiter setzen sich im Vorfeld intensiv mit ihren Kunden und deren Situation auseinander. Ihr Wissen nutzen sie konsequent bei der aktiven Suche nach neuen Kunden. Sie segmentieren ihre Kunden nach Deckungsbeiträgen und unterscheiden zwischen Neu-, Aufbau- und Potenzialkunden. Zu jeder dieser Kundengruppen entwickeln sie zielgruppenspezifische Akquisitionspläne.

- *»Liebe« zur Telefonakquise:* Der Griff zum Hörer fällt den Verkäufern leicht. Das ist keine Selbstverständlichkeit, denn die Abneigung gegen das Telefon ist selbst bei Akquisitionsprofis und exzellenten Verkäufern stark ausgeprägt. Vielleicht befindet sich in Ihrer Mannschaft ein Verkäufer, der lieber zehn Außentermine an einem Tag wahrnimmt, als sich drei Stunden konzentriert an den Telefonplatz zu setzen, um ein paar Dutzend Neukunden anzurufen. Zurückzuführen ist dies auf die einfache Tatsache, dass einer der Teilnehmer anruft, während der andere angerufen wird. Dabei befindet sich der Anrufer – also Ihr Mitarbeiter, der nicht gern telefoniert – natürlich fälschlich in einer »schwächeren« Position. Denn gerade bei unangemeldeten Anrufen »weiß« er nicht, in welcher Situation sich der Kunde befindet, ob er »Zeit hat« oder gerade in einem wichtigen Gespräch ist oder ob er überhaupt erreichbar ist. Es mag dieses Gefühl des Ausgeliefertseins und der Ohnmacht sein, das ihn die Vorteile des Akquisitionsinstruments »Telefon« verschenken lässt. Die Angst, zu einem »ungelegenen Zeitpunkt« anzurufen oder zu stören, führt häufig zum Widerwillen, zum Telefon zu greifen. Dabei ist es doch gerade umgekehrt: Der Anrufer, also der Verkäufer, bestimmt den Zeitpunkt des Anrufes, er ist vorbereitet, er agiert und ist somit in jeder Hinsicht im Vorteil. Und noch besser wird es, sobald es sich um vereinbarte Telefontermine handelt: Ihr Mitarbeiter geht dann davon aus, sein Anruf werde erwartet. Deshalb sollten Sie mit Ihren Mitarbeitern in einem Gespräch klären, wie Sie als Anrufer durch ein geschicktes Vorgehen die vermeintliche, nicht vorhandene Schwäche ihrer Position kompensieren. Gesprächsziel ist es festzustellen, ob es aufseiten Ihrer Mitarbeiter »Telefon-Blockaden« gibt, und mit ihnen einen individuellen Leitfaden zu erstellen, der auf die Persönlichkeit, die Stärken und Schwächen des einzelnen Verkäufers zugeschnitten ist. Dann sind diese in der Lage, die Zahl ihrer Termine zu erhöhen – und lernen die Telefonakquise wegen ihres zunehmenden Erfolgs zu lieben.

- *Beachtung der Terminqualität:* Bereits am Telefon sind die Mitarbeiter fähig, den tatsächlichen Kundenbedarf und das vorhandene Kaufinteresse zu identifizieren und festzustellen wie auch Termine richtig zu fixieren. Dadurch vermeiden sie ergebnislose Außendiensttermine und können ihre wertvolle Zeit für wirklich lukrative Kunden nutzen.

- *Beherrschung der Tools und Techniken:* Die Verkäufer kennen nicht nur die wichtigsten Gesprächsführungs-, Frage- und Abschlusstechniken, sondern wenden sie auch konsequent an.

Kontaktaufnahme Weiterempfehlung

Es existieren unzählige Leitfäden zum Verkaufsgespräch, so gut wie immer aber wird es untergliedert in

- eine Eröffnungsphase,
- eine Informationsphase,
- eine Argumentations- und Präsentationsphase und
- eine Zielphase.

Gemäß meiner Prämisse, dass der Kunde im Mittelpunkt des Verkaufsgesprächs stehen muss, empfehle ich fünf Schritte:

1. Bei Kontaktaufnahme vertrautes Verhältnis zum Kunden aufbauen

Den Kunden sprechen lassen

Der Kunde soll von sich sprechen. Der Verkäufer weckt Interesse nicht, indem er von sich und seinen Produkten berichtet. Sondern indem er den Kunden erzählen und sprechen lässt und seinem Profilierungsstreben entgegenkommt. So macht er sich dem Kunden vertraut. Die Gesprächseröffnung ist wichtig, um eine angenehme Gesprächsatmosphäre herzustellen. Überlegen Sie gemeinsam mit Ihren Mitarbeitern, welche Gesprächseinstiege geeignet sind, um dem Kunden das Gefühl zu geben, dass er ihn – den Verkäufer – interessiert. Je mehr Einstiege ihm zur Verfügung stehen, desto besser, so kann er sie kundenspezifisch einsetzen.

2. Den Kunden befragen und Kundenerwartungen feststellen

Bevor ein Verkäufer seinem Kunden auch nur irgendetwas vorführt, muss er seine Bedürfnisse abklären und die Kundenerwartungen erfragen. Sonst riskiert er, dass er ihm Tatsachen über sein Produkt auftischt, die ihn nicht im Geringsten interessieren. Erarbeiten Sie also mit Ihren Mitarbeitern im Bedarfsfall für jedes Produkt und jede Dienstleistung eine detaillierte *Checkliste*.

Diese kann so offen sein, dass der Verkäufer sie im Gespräch dem Kundentypen anpassen kann – es geht nicht darum, dem Kunden auf Teufel komm raus einen vorgefertigten Gesprächsleitfaden überzustülpen. Die Kardinalfrage bei der Erstellung der Checkliste lautet: »Was müssen wir über und von unserem Kunden wissen, damit wir ihm helfen können, das zu bekommen, was er braucht?«

Wer fragt, der führt

Sie sehen: Die Fragetechnik ist auch im vertriebsintelligenten Verkaufsgespräch das wichtigste Instrument, um das Tor zum Kunden aufzustoßen. Nur wer die richtigen Fragen stellt, bekommt die richtigen Antworten. Wer begründet fragt, verkauft – wer fragt, führt also. Und zieht den Gesprächspartner gleichzeitig aktiv mit in das Gespräch ein. Aktives Zuhören – also die Bereitschaft und Fähigkeit, sich aufmerksam mit dem Gesprächspartner auseinander zu setzen – und wertschätzende Fragen wie *offene Fragen, Informations-, Bestätigungs-, Präzisierungs- und Motivationsfragen* gehören in den Werkzeugkasten Ihrer Verkäufer.

Zudem können Sie trainieren, Äußerungen des Kunden mit eigenen Worten wiederzugeben und zusammenzufassen (Verbalisierung) sowie Fragen zu formulieren, in denen die Gedankengänge des Kunden verarbeitet werden (Paraphrasierung).

Die Gesprächstechnik des Nachfragens bietet Gelegenheit, Gesprächsinhalte zu klären. Das konsequente Nachfragen ist für die gelungene Gesprächsführung von elementarer Bedeutung, dient es doch dazu, Missverständnisse frühzeitig auszuräumen.
Aber Achtung: Ihre Verkäufer sollten den Fragemarathon vermeiden und nicht stur eine Frage an die andere reihen. Den Kunden zu befragen darf sich nicht zu einer Befragung auswachsen, die knapp davor steht, in ein Verhör auszuarten.

Beherrschung der Fragetechnik heißt aber auch, »falsche« Fragen, also solche, die den Dialog mit dem Kunden behindern, zu vermeiden – so führt jede Frageform sich selbst ad absurdum, wenn Ihr Verkäufer nicht in der Lage ist, den Kunden in Ruhe antworten und ausreden zu lassen. Fragekompetenz und Zuhörkompetenz gehören zusammen wie *Black* und *Decker*.

3. Bei Präsentation Kunden einbeziehen

Erst jetzt ist der Verkäufer bereit, seinem Kunden ein Produkt oder eine Dienstleistung vorzuführen, die seinen Bedarf abdeckt. Und er soll spüren, dass ihm das einen Heidenspaß bereitet.

Den Kunden miteinbeziehen

Enthusiasmus steckt an. *»In dir muss brennen, was du in anderen entzünden willst«*, sagt *Augustinus*. Der Kunde im Mittelpunkt – darum bezieht der Verkäufer den Kunden in die Präsentation ein: erklären, zeigen, herüberreichen, anfassbar machen, einbeziehen, bestätigen. Was der Kunde sehen, hören, anfassen, ausprobieren kann, fesselt ihn mehr als ein Produkt, das er nur vorgeführt bekommt. Hier sind die Fantasie und Kreativität gefragt, auch erklärungsbedürftige und »sperrige« Produkte und Dienstleistungen so anschaulich zu präsentieren, dass alle Sinne des Kunden angesprochen werden. Was vermieden werden muss: die Präsentation routiniert herunterzuleiern. Emotionsgeladene Bilder, ungewöhnliche Visualisierungen, nutzenorientierte Demonstration etwa der Produktvorteile, dramaturgischer Aufbau der Präsentation mit einem Spannungsbogen, der den Kunden neugierig macht und immer wieder Eye- und Earcatcher setzt – die Präsentation darf alles, nur eines nicht: Langeweile verbreiten.

4. Kundennutzen festigen, den Preis verteidigen und verhandeln

Festigen muss der Verkäufer während des ganzen Verkaufsgesprächs.

> **Festigen heißt, dass der Wert des Produktes im Gefühl des Kunden stetig wächst und dass im Gegensatz dazu der Preis immer vernünftiger erscheinen soll. Es bedeutet auch, dem Kunden zu helfen, seine Kaufangst zu überwinden, die vor allem bei größeren Anschaffungen, kostenintensiven Entscheidungen, unvermeidlich ist.**

Dann beginnt die wichtige Phase des Verhandelns. Dabei gilt: Jede Frage, jeder Einwand, jede Kundenbemerkung ist eine Aufforderung zum Tanz. Wer lacht, kauft. Wer schimpft, kauft zumindest eher als der Schweiger. Besser eine kritische Reaktion als gar keine. Jetzt kämpft der vertriebsintelligente Verkäufer für sein Produkt.

Preis-Würdigkeit In dieser Phase geht es darum, zu welchem Preis, in welchen Mengen, mit welchen Lieferfristen und Konditionen der Kunde kaufen wird. Ja, der liebe Preis: Natürlich ist es optimal, wenn der Verkäufer durch Top-Qualität und Top-Service überzeugt und der Preis gar nicht erst in den Mittelpunkt rückt. Aber das lässt sich vielleicht nicht gänzlich vermeiden. Darum muss der Verkäufer von der Preis-Würdigkeit seines Angebots überzeugt sein. Ein Profi-Verkäufer wägt für sich selbst den Nutzen eines Produktes ab und setzt sich intensiv mit dem Preis auseinander. Zudem versucht er, den Zeitpunkt selbst zu bestimmen, zu dem der Preis verhandelt wird. Die Preisverhandlung sollte erst anstehen, wenn der Kunde die wichtigsten Nutzenargumente kennt – der Verkäufer darf den Preis nie nennen, ohne ihn zum Nutzen ins Verhältnis zu setzen – Leistung und Nutzen sind die Gegengewichte zum Preis. Der Kunde weiß dann, welche Vorteile er einkauft – und ist eher bereit, den Preis zu akzeptieren. Schließlich kauft kein Mensch einen Preis. Ein Blick auf die Verkaufspsychologie verdeutlicht: Ein Kunde kauft den Nutzen, den er sich durch den Kauf verspricht. Warum also nicht den Preis so »verpacken«, dass er dem Kunden schmeckt und er eher bereit ist, ihn zu schlucken: »Nutzen – Preis – Nutzen« – das ist der »Preis-Whopper« aus dem Spezialitätenrestaurant des vertriebsintelligenten Verkäufers.

Ein Tipp Verkäufer sollten die Nutzenargumentation gestaffelt vorbringen, um dann, wenn der Kunde eine Rabattforderung äußert, ein weiteres Nutzenargument nachschieben zu können. Zudem sollte der Verkäufer prüfen, ob ein Einwand in Wahrheit nicht Ausdruck dafür ist, dass sich der Kunde ihm gegenüber behaupten will. Falls dies der Fall ist, nutzen die üblichen Einwandbehandlungsmethoden wie »Ja-und«-Technik, Bumerangmethode oder Gegenfrage-Technik nicht viel. Im Gegenteil, sie setzen den Kunden noch mehr unter Profilierungsdruck. Die bessere Strategie: Der Verkäufer zeigt jetzt, dass er den Einwand des Kunden ernst nimmt, bestätigt dessen Argument, lässt es »im Raum stehen« und geht zu einem weiteren Produktnutzen über.

Ab durch die Wand!

Und er unterscheidet Vorwände von Einwänden, erkennt also, dass so manches plausible Kundenargument nur ein Vorwand, eine »Wand« ist, hinter der er den eigentlichen Einwand verbirgt. Das zunächst plausible Argument des Kunden: »Danke für Ihre Präsentation, wir überlegen uns noch, ob das Produkt für uns nützlich ist«, entpuppt sich als Vorwand: Der eigentliche Einwand ist auf der Beziehungsebene zu suchen – der Kunde erlebt den Verkäufer als zu dominant, er mag ihn nicht. *Darum* kauft er von ihm nicht. Was auf der Beziehungsebene vermurkst ist, kann auch nur auf der Beziehungsebene geklärt werden. Entweder überprüft der Verkäufer seine Mimik, Gestik, Stimmlage und Zuwendung zum Kunden und ob er Rapport herstellen konnte – oder er spricht, im schlimmsten Fall, den Verdacht offen aus, dass das Gegenüber vielleicht nicht »mit ihm kann« und ob es vielleicht ein Missverständnis gegeben habe. Das geht aber nur bei bestimmten Kunden – ist also eine diffizile Entscheidung –, der dominante Entscheidertyp wird dies eher als Gesichtsverlust einstufen, ein empathischerer Typ eher als konstruktiven, mutigen Ansatz.

5. Abschließen: Manche Kunden mögen's heiß

Der Abschluss naht – und damit die explosiv-heiße Phase des Verkaufsgesprächs. Jetzt wird sich zeigen, ob Ihre Verkäufer wirklich kundenorientiert vorgegangen sind – dann geht der Abschluss fast von selbst über die Bühne. Es kann höchstens sein, dass er jetzt noch eine Unterschrift unter dem Vertrag braucht. Diese mutet dann wie eine natürliche Konsequenz des geführten Gesprächs an. Da jedoch die Unterschrift viele Kunden nochmals zaudern lässt, sind clevere Verkäufer dazu übergegangen, mit Hilfe von Abschlussfragen wie »Ab wann möchten Sie beginnen?« und »Wie viel dürfen wir Ihnen liefern?« erst einmal eine mündliche Zusage zu erhalten und diese dann schriftlich zu bestätigen.

Kreative Abschlusstechniken

Aber nicht immer wird die Abschlussphase so problemlos ablaufen. Dann ist die Kenntnis kreativer Abschlusstechniken gefragt:

- Alternativmethode: »Wann wollen Sie starten, noch im August oder direkt Anfang September?«
- Engpassmethode: »Wenn wir schnell sind, dann nehmen wir Sie noch bis Ende der Woche auf …«
- Direktive Methode: Der Verkäufer treibt den Entscheidungsprozess des Kunden aktiv voran: »Gut, dann sind wir uns also einig. Hier habe ich Ihren Registrierungsbogen …«
- Nebensächlichkeitsmethode: Der Verkäufer fragt zum Beispiel: »Sollen wir Ihren zweiten Vornamen mit in das Formular aufnehmen?«

Noch bedeutsamer jedoch ist die mentale und psychologische Stabilität Ihrer Mitarbeiter, die so etwas wie Abschlussangst nicht kennen, sondern gerade jetzt zur Höchstform auflaufen: Argumentationslust, aktives Zuhören, Nutzen betonen, Entscheidungshilfen geben, konsequente Abschlusssicherheit, keine Angst vor dem »Nein« des Kunden, Souveränität, rhetorisch-kommunikatives Geschick, Problemlösungsorientierung – der von sich selbst überzeugte Verkäufer blüht auf.

Vorstellungen im Kunden erwecken: hypnotische Sprachmuster

Lassen Sie mich an einem weiteren Beispiel erläutern, was den vertriebsintelligenten Verkäufer vom Durchschnittsverkäufer unterscheidet: Weil jener den Kunden in den Mittelpunkt des Verkaufsgesprächs stellt, ist er fähig, konkrete Vorstellungen in ihm zu erwecken, und zwar durch hypnotische Sprachmuster. Was heißt das? Der Verkäufer spricht die Sprache des Kunden. So betritt er die subjektive Ich-Welt des Kunden und argumentiert auf dem Sinneskanal und in der Vorstellungswelt, in der der Kunde lebt.

Dem Kunden fehlt die konkrete Vorstellung, welchen Nutzen ihm ein Produkt bringt – nehmen wir ein nur schwer visualisierbares Finanzdienstleistungsprodukt. Der Verkäufer hat im Verlauf des Gesprächs erkannt, dass der Kunde ein visueller Typ ist, und erfahren – denn nicht er hat gesprochen, sondern er hat den Kunden erzählen lassen! –, dass er ein Enkelkind hat, das sich für Computer interessiert. Nun argumentiert er: *»Stellen Sie sich nur die Freude Ihrer Enkelin vor, wenn Sie ihr zum 12. Geburtstag durch die erzielten Renditen einen funkelnagelneuen Multimedia-PC schenken können!«*

Klassisches Beispiel

Hypnotische Sprachmuster helfen, im Kunden ein inneres Erlebnis zu erzeugen, das ihn zum Kauf motiviert. In ihm entsteht ein innerer Dialog, ein Prozess, in dem er durchlebt, was der Kauf des Produktes für ihn bewirkt – und der Verkäufer kann durch Fragetechnik dahin gelangen, dass der Kunde dieses innere Erlebnis artikuliert. Und diese Kundenäußerungen geben dem Verkäufer wiederum Hinweise, ob er sich auf dem richtigen Weg befindet, ob es ihm gelungen ist, die subjektive Ich-Welt des Kunden aufzuschließen.

Innere Erlebnisse stimulieren

Georg Bierbaum, Klaus Marwitz und *Horst May* schildern in ihrem Buch *Happy Selling* mehrere hypnotische Sprachmuster wie etwa das Weglassen von Informationen: Während der Produktpräsentation verbalisiert der Verkäufer nicht selbst, was alles mit dem Produkt möglich ist, welche Einsatzbereiche es gibt, welchen Nutzen es hat, sondern sagt lediglich: »*Das* sieht ja wirklich fantastisch aus.« Das kleine Wörtchen »das« lässt dem Kunden die Möglichkeit, eigene Vorstellungen zu entwickeln, geistiges Theater zu spielen und sich vorzustellen, wie er das Produkt einsetzen kann. Ihre Verkäufer und Sie werden staunen, wie sehr hypnotische Sprachmuster helfen, mehr Umsatz zu generieren und Ihr Unternehmen zu einer Umsatz-Maschine zu entwickeln.

In meinem letzten Satz hat sich wieder ein hypnotisches Sprachmuster versteckt: »Sie werden staunen« – dieses Sprachmuster heißt »Gedankenlesen«: Ich behaupte zu wissen, dass Sie staunen werden – und fordere Sie so auf, meiner Schlussfolgerung Glauben zu schenken.

Hypnotische Sprachmuster dienen stets dazu, die Fantasie des Kunden zu beflügeln. Das heißt: Der Verkäufer darf sich nie zu konkret ausdrücken, um der Kundenfantasie nicht die Flügel zu stutzen.

Ein Satz wie »Das bringt Ihnen den gewünschten Nutzen« ist daher besser, als den Nutzen selbst genau zu beschreiben – der Kunde füllt das hypnotische Sprachmuster »gewünschter Nutzen« mit *seinen* Vorstellungen.

Nehmen Sie sich Zeit zur Selbstreflexion!

Analysieren Sie gemeinsam mit Ihren Mitarbeitern ein typisches Verkaufsgespräch und beachten Sie dabei vor allem die sieben kritischen Erfolgsfaktoren und die Frage, ob der Kunde im Mittelpunkt *aller* Gesprächsphasen steht.

Welche Verbesserungen können im Sinne eines vertriebsintelligenten Gesprächsverlaufs vorgenommen werden?
Entwickeln Sie einen entsprechenden Gesprächsleitfaden.

4. After Sales – Presales: damit Sie auch morgen noch kraftvoll verkaufen können

Freude auskosten

»Nach dem Spiel ist vor dem Spiel« – dieses viel zitierte Bonmot von *Sepp Herberger* gilt auch für den Vertrieb. Also heißt es: innehalten, das Erreichte würdigen. Auch Freude muss ausgekostet werden. Und dann wieder hinaus auf den Platz! Am Kunden dranbleiben, den Kunden zum Fan machen! Selbst einen Noch-nicht-Kunden oder einen unzufriedenen Kunden kann man mit vertriebsintelligenten Strategien zum positiven Botschafter machen.

Leider agieren hier viele Vertriebler aber nach den Worten von *Rolf Rüssmann,* um in der Fußball-Metaphorik zu bleiben: *»Wenn wir hier nicht gewinnen, dann treten wir ihnen wenigstens den Rasen kaputt.«* Dass man auf diesem Rasen eventuell noch mal auflaufen muss und dass sich Negatives siebenmal schneller und weiter herumspricht als Positives, daran denken diese Ballkünstler wohl zuletzt. Eigentor.

Der Vertriebsdreikampf der Dinosaurier: »abwerfen, abzocken, abhauen«

Der Abschluss ist unter Dach und Fach, der Kunde hat unterschrieben und bestellt. Das ist der Zeitpunkt, zu dem sich viele Verkäufer zufrieden zurücklehnen. Aber diesen Verkäufern wird es wie den Dinosauriern ergehen: Sie werden aussterben, weil sie es nicht verstehen, sich neuen Rahmenbedingungen anzupassen. »Abwerfen, abzocken, abhauen« – dieser Vertriebsdreikampf ist längst keine verkäuferische Olympiadisziplin mehr. Der moderne Dreikampf heißt vielmehr: »abschließen – bestätigen – Weiterempfehlung einholen«.

Das heißt: Nach dem Abschluss – und das gilt vor allem bei größeren Kaufentscheidungen – gratuliert der Verkäufer dem Kunden zu seiner klugen Entscheidung. Dieser muss das (berechtigte) Gefühl haben, richtig gehandelt zu haben: »Mit diesem Produkt werden Sie viel Freude haben – gratuliere!«

Der Abgang: »Ich empfehle mich – empfehlen Sie mich«

»Die Zukunft kann der am besten voraussagen, der sie selbst gestaltet«, so der Computerpionier *Alan Kay*. Vertriebsintelligente Verkäufer überlassen nichts dem Zufall und nutzen jeden Kundenkontakt – ob er nun im Sinne eines Abschlusses erfolgreich verlaufen ist oder nicht – dazu, den Kunden um eine Weiterempfehlung zu bitten oder um von ihm Namen von Menschen zu erhalten, die er mit der Erlaubnis des Kunden kontaktieren darf. Ganz abgesehen davon wissen sie, dass bei zufriedenen Kunden die Wahrscheinlichkeit einer Nachbestellung groß ist – aber das ist eine Selbstverständlichkeit.

Wie schaut es bei Ihren Vertriebsmitarbeitern aus? Endet der Kundenkontakt mit dem Ja oder dem Nein des Kunden? In vielen Verkaufsgesprächen wird die Bitte um Weiterempfehlung schlicht und einfach vergessen – dafür gibt es Gründe: In der heißen Phase des Verkaufsgesprächs befinden sich Verkäufer und Kunde in einer emotional belastenden und extremen Situation: Der Verkäufer hofft auf und bangt um den Abschluss, seine Provision, der

Kunde denkt an sein Geld, sein Budget und wägt noch einmal alle Vor- und Nachteile ab. Ist der Abschluss gelungen, gerät der Verkäufer ins andere Gefühlsextrem: Er freut sich über den positiven Ausgang des Gesprächs.

Es ist diese psychologisch schwierige Situation, die dazu führt, dass der Verkäufer dann oft nicht daran denkt, Empfehlungen einzuholen. Hinzu kommt: Viele Verkäufer glauben, einen Kunden, dem sie etwas verkauft haben, mit der Bitte um Weiterempfehlung vor allem zu nerven. Zudem fehlt in gängigen Leitfäden zum optimalen Verlauf eines Verkaufsgesprächs der Hinweis auf die Tatsache: »Nach dem Abschluss ist vor dem Abschluss – die Weiterempfehlung nicht vergessen!«

Der Kreis führt nach vorne

»Der Kreis, nicht der gerade Weg, führt nach vorne«, heißt es in chinesischen Schriften. Für die Umsatz-Maschine gilt das auf jeden Fall! Denn der Kreis hat keinen Anfang und kein Ende und erneuert sich bei jeder Umkreisung stets selbst – genau wie Ihr Verhältnis zu Ihrem Kunden, wie das Verhältnis Ihres Unternehmens zum Kundenunternehmen.

Sorgen Sie als Führungskraft also dafür, dass die Weiterempfehlung zum selbstverständlichen Schlussbaustein eines jeden Verkaufsgesprächs und in den Gesprächsleitfaden aufgenommen wird. Erweitern Sie das Fünf-Stufen-Verkaufsgespräch um eine sechste Phase: die Weiterempfehlungsphase! So erhält das linear angelegte Verkaufsgespräch eine Kreisstruktur: Die Weiterempfehlungsphase mündet direkt wieder in die erste Phase ein – nämlich in die Angebotsphase bei der Person, der gegenüber der zufriedene Kunde die Empfehlung ausgesprochen hat.

Der Kunde als Werbechef

Wie war ich?

Kuscheln nach dem Abschluss! Nachdem der Abschluss zur Zufriedenheit des Kunden erfolgt ist, schätzt er es, wenn der Verkäufer sich ihm noch eine Zeit lang widmet: Denn jetzt hätte er es aus seiner Sicht ja eigentlich nicht mehr nötig. Vertriebsintelligente Verkäufer zeigen, dass sie auch für ihre Kunden da sind, wenn es nicht um den konkreten Abschluss geht. Der Verkäufer gratuliert dem Kunden also zum Kauf, dankt ihm für sein Vertrauen, spricht eine zukünftige Zusammenarbeit an und bringt die Möglichkeit einer Weiterempfehlung ins Gespräch.

Den Kunden zum Werbeträger Nummer eins und zum Werbechef zu machen, wenn der Abschluss gelingt, ist noch relativ einfach – und intelligent. Denn klar ist: Ein Kunde, der den Verkäufer, dessen Unternehmen, seine Produkte und Dienstleistungen im Bekannten- oder Verwandtenkreis und am Arbeitsplatz positiv erwähnt, spricht aus voller Überzeugung und wirkt sehr glaubwürdig. Und einem Bekannten, der sich positiv über einen Kauf äußert, schenkt man mehr Glauben als noch so professionell gestalteten Werbeprospekten – und als einem zwar freundlichen und glaubwürdigen Verkäufer, der einem aber letztendlich »ja doch nur etwas verkaufen will«. Es hat wohl schon jeder einmal sich allein deswegen über ein Produkt zumindest informiert, es vielleicht sogar erstanden, weil ein naher Bekannter Produkt und Verkäufer gelobt hat. Also: Der zufriedene Kunde ist der beste Werbechef, den es gibt!

Die Zigarette danach

Was aber ist, wenn der Kunde nicht abschließt, wenn er nicht kauft? Nun, selbst der Nicht-Abschluss bietet eine Chance zur Weiterempfehlung. Schon aus dem Gefühl des Kunden, etwas für die bisherige Beratung »zurückzugeben«, ergeben sich Chancen auf Referenzen. Aber auch beispielsweise dann, wenn der Verkäufer den Kunden trotz der verständlichen Enttäuschung weiterhin intensiv betreut und durch eine freundliche Verabschiedung dafür sorgt, dass er das Gespräch in guter Erinnerung behält. Das gelingt auch, indem der Verkäufer dem Kunden einen Zusatznutzen bietet:

- Der Finanzberater schlägt vor, bei Gelegenheit einmal die Versicherungsunterlagen auch des Kunden, der nicht gekauft hat, auf Optimierung durchzusehen.
- Der Verkäufer, der den Kunden im eigenen Unternehmen zu einem Beratungsgespräch empfangen hat, sucht ihm im Internet den kürzesten Anfahrtsweg zum nächsten Termin heraus.
- Der Autoverkäufer verspricht dem Kunden, der seinen alten Wagen verkaufen will, die Augen nach einem günstigen Angebot offen zu halten und ihn anzurufen.

Solch einen Zusatznutzen sollten Ihre Mitarbeiter immer zu bieten versuchen – erst recht, wenn der Abschluss ausgeblieben ist.

Die Kundenreklamation als Chance

Wer seine (Verkaufs-)Zukunft vorausschauend und aktiv gestalten will, macht seine Kunden zu Werbeträgern, ja zu Werbechefs. Und zwar immer, sogar bei den heftigsten Reklamationen. Denn ein Kunde läuft weniger wegen des konkreten Beschwerdeanlasses zur Konkurrenz über – dies geschieht aller Erfahrung und Statistik nach meist wegen einer unzureichenden Reaktion auf die Beschwerde!

Es scheint zunächst ein Paradoxon: Kundenbeschwerden sind besser als Schweigen. Das heißt: Ein Kunde, der sich beschwert, gibt dem Verkäufer eine zweite Chance! Er geht ja nicht sofort zur Konkurrenz, sondern will das Problem erst einmal mit dem Betroffenen klären – die Reklamation ist geradezu ein Glücksfall, denn Sie können sie für Ihr Benchmarking und zur Profilierung nutzen.

How's my driving

Vertriebsintelligente Unternehmen provozieren daher Reklamationen, indem sie – neben einem exzellenten passiven Reklamationsmanagement, bei dem sich der Kunde von sich aus beschwert – ihre Kunden auffordern, sich zu beschweren. Sie wissen sicher, dass in den USA fast auf jedem Bus, auf jedem Laster hinten der Aufkleber prangt: *»How's my driving?«* – verbunden mit einer Telefonnummer und einer Webadresse. Verärgerte PKW-Fahrer können sich dann gleich beschweren, wenn sie mal wieder von einem Brummi geschnitten worden sind – oder das vorbildliche Verhalten im Stau loben wollen, wenn der LKW-Fahrer das Reißverschlussfahren beherrscht. Worauf ich hinaus will:

> **Umsatz-Brummis fördern das pro-aktive Beschwerdemanagement – etwa durch die Durchführung von Kundenbefragungen zur Beratungsqualität und Serviceleistung. Dazu können Bewertungskarten und Feedback-Formulare, Telefon-Hotlines, Service-Faxe und Beschwerde-E-Mail-Adressen eingerichtet werden. Denn wenn der Kunde schweigt und sich nicht beschwert, ist dies ein sicheres Zeichen dafür, dass er sich schon längst auf dem Weg zur Konkurrenz befindet.**

Den Kunden ernst nehmen

Oberster Grundsatz eines pro-aktiven Reklamationsmanagements ist, den Kunden und sein Anliegen ernst zu nehmen, eigene Emotionen beiseite zu stellen, die »Schuld« nicht auf andere zu schieben und das Reklamationsgespräch auf die sachliche Ebene zu bringen. Allerdings: »Die Reklamation als Glücksfall« – zu dieser Sichtweise ist nur derjenige imstande, der die entsprechende kundenorientierte und kundenfreundliche Einstellung hat: Der reklamierende Kunde steht nicht im Weg – sondern im Mittelpunkt: »Tue Gutes – und der Kunde wird darüber sprechen.«

Die praktische Konsequenz dieser positiven Einstellung zu Reklamationen besteht darin, prinzipiell davon auszugehen, dass sich der Kunde mit Recht beschwert. Und das ist auch gut so – eine Konfrontation mit einem unzufriedenen Kunden kann Ihr Verkäufer nur verlieren. Auch wenn objektiv kein Beschwerdegrund besteht: Subjektiv hat der Kunde immer Recht. Sie können noch so im Recht sein, einen Streit gewinnt immer der Kunde. Der fühlt sich dann zurückgesetzt – auch im Unrecht – und wird die Zusammenarbeit aufkündigen.

Ihre Mitarbeiter und Sie sollten in einem Meeting darum zweierlei brainstormen:

- Wie lassen sich Beschwerden von vornherein vermeiden?
- Welche Verhaltensweisen sind geeignet, angemessen auf Reklamationen zu reagieren?
- Welche Chancen ergeben sich daraus?

Dazu können potenzielle Beschwerdegründe gesammelt werden, um sich so auf das Reklamationsgespräch vorzubereiten. So erarbeiten Sie Reaktionsweisen auf potenzielle Beschwerden, *bevor* überhaupt eine entsprechende Reklamation vorliegt. Sie reagieren nicht erst, wenn »das Kind in den Brunnen gefallen ist«, sondern nehmen mögliche Beschwerdesituationen vorweg, überlegen sich vorab Lösungsalternativen und verfügen damit über einen gut gefüllten Argumentations- und Lösungskoffer.

Die fünf Gefallensfragen

Bedeutung von Weiterempfehlungen

Nutzen Sie jede Gelegenheit, um Ihre Verkaufsmannschaft auf die enorme Bedeutung der Weiterempfehlung hinzuweisen, aber belassen Sie es nicht bei dem bloßen Hinweis. Nehmen Sie in Ihr Repertoire an Mitarbeitergesprächen das Weiterempfehlungsgespräch auf und führen Sie es ebenso wie die Zielvereinbarungs-, Konflikt-, Kritik- und Motivationsgespräche regelmäßig durch. Große Bedeutung bei der Weiterempfehlung kommt der konkreten Verbalisierung zu, also dem Satz oder den Sätzen, mit denen der Verkäufer die Bitte um Weiterempfehlung ins Spiel bringt. Legen Sie mit Ihren Mitarbeitern ein paar Standardformulierungen fest, die ihm ein Gerüst bieten, das er im konkreten Einzelfall auf den individuellen Kunden anpassen kann – zum Beispiel:

- »Lieber Kunde, wie hat Ihnen das Produkt gefallen?
- Was hat Ihnen besonders gefallen?
- Und was noch?
- Glauben Sie, dass das, was Ihnen gefällt, auch anderen gefallen könnte?
- Wem könnte es gefallen?«

Dann bittet der Verkäufer entweder um die Adresse des Interessenten oder fragt den Kunden, ob er ihn weiterempfehlen kann.

Das Leben ist ein Beziehungsgeflecht

Neben der Bitte um Weiterempfehlung können Ihre vertriebsintelligenten Verkäufer zufriedene Kunden, die ihnen vertrauen, für den Aufbau eines engmaschigen Beziehungsnetzwerks einsetzen. Jeder Kunde ist ein Quell für neue Kunden! Gerade bei unentschlossenen Kunden kann eine Referenzkundenliste mit zufriedenen, ja, begeisterten Kunden das entscheidende Argument liefern, doch noch abzuschließen. Am glaubwürdigsten wirkt die Referenzliste, wenn Ihre Verkäufer ihre Kunden nennen und zitieren.

Darum sollten sich den »Gefallensfragen« noch die folgenden Fragen anschließen:

- »Darf ich Sie in meinen Unterlagen als zufriedenen Kunden nennen?«
- »Sind Sie bereit, einen Referenzbrief zu schreiben?«

Dabei kann folgender Effekt genutzt werden: Der Verkäufer wird dem Kunden in der Regel ja ebenfalls Referenzen genannt haben – dieser hat den Vorteil also gerade am eigenen Leib gespürt. Und so wird er vielleicht aus Überzeugung bereit sein, nun selbst als Referenzkunde aufzutreten. Die Bitte um eine Referenz kann auch zu einem späteren Zeitpunkt erfolgen, etwa wenn der Kunde den Nutzen des Produktes oder der Dienstleistung erst nach einigen Wochen beurteilen kann. Dann sollte der Verkäufer die Referenz im Zuge der After-Sales-Betreuung ansprechen.

Nehmen Sie sich Zeit zur Selbstreflexion!

Sind in dem Gesprächsleitfaden für Ihre Verkäufer die Bitten um Weiterempfehlung und Referenz aufgenommen?

Falls nicht: Nehmen Sie die fünf Gefallensfragen zum Ausgangspunkt, mit Ihren Mitarbeitern eine entsprechende Strategie zu entwickeln.

5. Sinn = Kraft: beseelt und besessen

Vertriebsintelligente Verkäufer üben ihren Beruf mit Körper, Geist und Seele aus. Diese Freude am Verkaufen; dieser Spaß daran, einem Kunden bei der Überwindung seiner Entscheidungsschwächen zu helfen; das Wissen um die Berufung, dem Kunden das zu bieten, was er wirklich benötigt und wünscht: Erst all dies lässt das Vertriebswissen des Verkäufers zu Vertriebsvermögen werden, das sich in einem Mehrwert für den Kunden ausdrückt.

Von der Sehnsucht, Außergewöhnliches zu leisten

Mehrwert bieten

Der vertriebsintelligente Verkäufer hat sich »mit Haut und Haaren« dem Kunden und dem Verkaufen verschrieben. Und darum fragt er sich jeden Tag, vor jedem Kundenkontakt, vor jedem Verkaufsgespräch: Welchen Nutzen, welchen Mehrwert kann ich meinem Kunden bieten? Wie kann ich meine Kompetenzen, meine Fähigkeiten, meine Qualifikationen, wie kann ich das, was ich besser kann als alle anderen, so einsetzen, dass mein Kunde und ich zufrieden sind?

Doch woher kommt diese Beseeltheit für das Verkaufen, woher kommt die positive Besessenheit, mit der vertriebsintelligente Verkäufer ihre Mission verfolgen, dem Kunden den größtmöglichen Nutzen zu bieten?

Entscheidend ist: Solche Verkäufer sehen ihre Tätigkeit nicht als Beruf, nicht als Zehnstundenjob an, sondern als Berufung. Sie sind stolz darauf, Verkäufer zu sein, und das heißt nicht, »sich zu verkaufen«. Ich bin sicher:

Vertriebsintelligente Verkäufer würden nicht nur im Verkauf Außergewöhnliches leisten, sondern auch in anderen Berufen – weil sie sich von übergeordneten Werten leiten lassen. Natürlich: Wer Außergewöhnliches leisten will, muss außergewöhnlich handeln, muss eine gewisse Grundveranlagung, eine Begabung, ein Talent mitbringen. Wichtiger aber ist jene Beseeltheit, die einen Menschen die volle Verantwortung für sein Tun und Handeln übernehmen lässt. Außergewöhnliches zu tun heißt immer auch: außergewöhnlich denken!

Der Golfprofi *Bernhard Langer* hat auf die Feststellung eines Reporters, »da haben Sie aber Glück gehabt«, geantwortet: *»Ja, das ist mir auch aufgefallen: Je mehr ich übe, desto mehr Glück habe ich.«*

Glück

Beseelte Menschen verlassen sich nicht auf die passive Größe Glück. Hinter jeder Spitzenleistung steckt eine Sehnsucht – die Sehnsucht, der Welt und sich selbst etwas Besonderes und Außergewöhnliches zu geben. »Der Welt und sich« – es ist diese Verbindung von einer altruistisch geprägten, auf andere Menschen, auf »die« Welt oder eben die Kunden ausgerichteten Motivation mit einer egoistisch gefärbten, auf den eigenen Vorteil bedachten Motivation, die außergewöhnliche Menschen, die vertriebsintelligente Verkäufer auszeichnet und sie mehr leisten lässt als andere.

Das heißt: Ein Spitzenverkäufer erkennt den Kundennutzen *und* seinen eigenen Nutzen. Das ist die Grundlage seiner Motivation, die ihn tagtäglich zu Höchstleistungen anspornt. Dabei sind Werte wie Ehrlichkeit, gute Kundenbeziehungen und Vertrauen für ihn unabdingbar. Aus dem Willen, diese Werte im Kundenkontakt zu verwirklichen, bezieht er seine Gestalterkraft. Und daraus wiederum schöpft er seine Freude und Begeisterung, mit der er das tut, was er tut.

Verkaufen ist wie Spitzensport

Im angloamerikanischen Sprachraum gibt es das Sprichwort: *»Top-performance is only achieved by people who enjoy what they are doing« – »Spitzenleistung wird nur von den Leuten erzielt, die mit Freude bei der Sache sind«.*

Das ist auch der Grund dafür, warum sich Sport-Metaphern so treffend auf den Verkauf übertragen lassen. Vertrieb ist wie Spitzensport, Spitzenverkäufer haben dieselbe Einstellung wie Spitzensportler. Spitzensportler wie *Michael Schumacher, Boris Becker* und der österreichische Skistar *Hermann Maier:* Warum quäl(t)en sie sich tagtäglich im Training? Geht es ihnen allein ums Geld, um Ruhm und Ehre? Warum will *Michael Schumacher* nach dem siebten nun auch noch den achten Weltmeistertitel erringen? Warum gelang es Olympiasieger *Hermann Maier* nach seinem schweren Motorradunfall im August 2001 bereits Anfang 2003 wieder, einen Weltcup, den Super-G in Kitzbühel, zu gewinnen, nach anderthalbjähriger Verletzungspause? Es sind jene Beseeltheit und Besessenheit, die ihnen die Kraft schenken, diese Leistungen zu vollbringen.

Der Wille zum Sinn

Es geht letztendlich um Sinnhaftigkeit, um die Verwirklichung einer Vision, die vertriebsintelligente Verkäufer motiviert und beseelt. *»Wenn das Leben keine Vision hat, nach der man sich sehnt, die man verwirklichen möchte, dann gibt es auch kein Motiv sich anzustrengen.«* Dieser Satz von *Erich Fromm* bedeutet: Ihre Mitarbeiter benötigen eine Vision, die ihnen Gründe gibt, sich anzustrengen. Wobei Sie das Wort »Vision« auch ersetzen können durch »Mission«, »transzendentaler und übergeordneter Wert« oder kurz: durch »Sinn«.

Der Neurologe und Psychiater *Viktor Frankl* (1905–1997), Begründer der Existenzanalyse und der Logotherapie, sieht den Menschen als entscheidungs- und willensfreies Wesen, das in der Lage ist, eigenverantwortlich Stellung zu nehmen zu den Erscheinungen des Lebens. Freiheit definiert er als den Gestaltungsraum, das eigene Leben im Rahmen der jeweils gegebenen Möglichkeiten zu gestalten. Denn der Mensch ist auch ein geistiges Wesen – und als geistige Person ist er eben nicht nur reagierendes und abreagierendes, sondern auch agierendes und gestaltendes Wesen. Und damit ist er fähig zum »Willen zum Sinn«.

Die Grundmotivation des Menschen

Existenzanalytisch zeichnet ihn die Gestaltungsfähigkeit und -kraft aus, die Suche nach (Lebens-)Sinn auf sich zu nehmen – ja, dies ist die Grundmotivation des Menschen. Und wenn der Mensch seinen »Willen zum Sinn« in der Lebenspraxis nicht verwirklichen kann, kommt er sich wertlos vor, erscheint ihm seine Tätigkeit sinnlos. Für unser Thema bedeutet dies zweierlei:

- Spitzenleistungen in Verkauf und Vertrieb sind möglich, wenn die entsprechenden Tätigkeiten in einen übergreifenden Sinnzusammenhang eingebettet sind. Vertriebsziele leiten sich aus Lebenszielen ab – Lebensziele sind Ausdruck des menschlichen »Willens zum Sinn«.
- Sie als Führungskraft sollten Ihren Verkäufern den Raum geben, eine Vision für ihr Handeln zu entwickeln – oder sie dabei unterstützen, etwa indem Sie ihnen eine in der Unternehmensphilosophie verankerte Vision als Sinnangebot präsentieren. Wobei »die Vision« – ich wiederhole es – nur eine Möglichkeit ist, »Sinn« zu aktualisieren, es kann auch ein transzendentaler Wert sein. Wichtig ist: Sie müssen Ihren Mitarbeitern nicht unbedingt Sinnangebote machen – zumindest ab einem gewissen Reifegrad Ihrer Mitarbeiter geht es darum, sie bei der Realisierung derjenigen Sinnmöglichkeiten zu unterstützen, die sie für sich selbst entdeckt haben.

Noch einmal dazu *Viktor Frankl:* Er sieht den Menschen durch seine Willensfreiheit und Verantwortungsfähigkeit dazu bestimmt, das Bestmögliche in sich und der Welt zur Geltung zu bringen. Und zwar, indem er in jeder Situation den Sinn des Augenblicks erkennt und verwirklicht.

Sind das zu hehre Worte in einem Buch zu einem Thema wie VertriebsIntelligenz? Nein, auf keinen Fall! Denken Sie doch bitte nur an das Konzept der logischen Ebenen, die auf Forschungen des Kommunikationsexperten *Robert Dilts* und des Biologen *Gregory Bateson* zurückgeht: Immer werden psychische Abhängigkeiten (Kontext, Mitwelt, Umwelt), die konkreten menschlichen Handlungen des Menschen (sein Verhalten) und seine Fähigkeiten und Kompetenzen überwölbt von Werten, Einstellungen, der Auffassung, die der Mensch von und über sich hat – und schließlich der Ebene der »Visionen, Missionen, Ziele«.

Glaubwürdige Beziehungen aufbauen

Das Konzept besagt weiterhin, dass derjenige glaubwürdige Beziehungen zum Mitmenschen aufbaut, der in der Lage ist, die verschiedenen Ebenen miteinander zu harmonisieren. Das Verhalten muss stimmig sein – das ist der Fall, wenn es bei einem Menschen keinen Widerspruch zwischen seinen Werten, Überzeugungen, seinen Fähigkeiten und Verhaltensweisen gibt.

Ein vertriebsintelligenter Verkäufer steht deshalb in seinen Kundenkontakten voll und ganz hinter dem, was er sagt und tut. Der Weg zu mehr Authentizität führt über ein Verhalten, das den eigenen Werten entspricht.

»Probleme kann man niemals mit derselben Denkweise lösen, durch die sie entstanden sind« – dieser Satz wird *Albert Einstein* zugeschrieben. Für mich bedeutet dieser Satz erstens, dass Zusammenhänge und Abhängigkeiten nur dann befriedigend dargestellt werden können, wenn diese Darstellung jene Zusammenhänge und Abhängigkeiten transzendiert. Für mich bedeutet dieser Satz zweitens, dass sich die Beseeltheit und positive Besessenheit eines vertriebsintelligenten Verkäufers nie durch die Freude und Begeisterung am Verkaufen selbst erklären lässt. Und für mich bedeutet dieser Satz drittens, dass der vertriebsintelligente Verkäufer durch den »Willen zum Sinn« – und damit auch durch den Willen zu einer

sinnvollen beruflichen Tätigkeit – zu Höchstleistungen bewegt wird.

Beseeltheit gibt Kraft: Moments of Excellence

Es gibt Hunderte von Gründen, warum ein Kunde nicht kauft und Nein sagt. Und in Verkaufsratgebern finden sich ebenso viele Strategien, Methoden und Techniken, die der Verkäufer in einem solchen Fall zum Einsatz bringen soll. Sie alle sind wertvoll und nützlich, sie dringen aber nicht zum eigentlichen Kern des Problems vor.

Entscheidend ist, dass der vertriebsintelligente Verkäufer sich seine Beseeltheit und Überzeugung erhält, Außergewöhnliches für den Kunden leisten, ihm dabei helfen zu können, sich besser, glücklicher zu fühlen. Wenn ihm dies gelingt, prallt ein »Nein« leichter an ihm ab als bei einem Kollegen, der diese Überzeugung nicht hat und sofort von Zweifeln geplagt wird. Wenn ihm dies gelingt, hört er nicht zuallererst die Ablehnung aus dem Nein heraus, sondern die Herausforderung, sich noch mehr anzustrengen, zu seinem Angebot zu stehen, zu seinem Preis, seinem Produkt, seinem Unternehmen. Und er hat die Kraft, sich dieser Herausforderung zu stellen – Euphorie schlägt alles.

Die seelische Tankstelle

Trotzdem: Jeder Mensch muss ab und an seine Kraftreserven auffüllen, die »Tankstelle« aufsuchen, bei der er Beseeltheit, Kraft und Energie tankt. Diese Tankstelle sieht bei jedem anders aus. *Winnie* aus Hattingen, einer der erfolgreichsten Vertriebsprofis, die ich kenne, ist ein fanatischer Wassersportler und besitzt ein Ferienhaus auf Mallorca. In seinem Büro hängt ein riesiges Poster mit einer Collage, die Bilder zeigt von den Momenten und Dingen in seinem Leben, die er am meisten liebt: ein Bild von seinen Kindern, ein Foto seiner Familie, Schnappschüsse von seinem Haus und seinem Boot. *»Manchmal stelle ich mich vor die Collage, ziehe die Sonnenbrille auf, schließe die Tür und tanke kräftig auf«*, erzählte er mir. *»Die Bilder und Erinnerungen an meine persönlichen ›Mehr-geht-*

nicht-Momente‹ sind meine Tankstelle – danach fühle ich mich wieder besser und den Herausforderungen gewachsen.«

Haben auch Ihre Mitarbeiter solch eine Tankstelle? Und wie sieht es mit Ihren *Moments of Excellence* aus? Entstammen Sie auch Ihrer Arbeit als Führungskraft? Dann sollten Sie den dritten Teil lesen, denn dort geht es um Ihre Führungskompetenzen, um Ihre Fähigkeit zum Leadership. Aber vorher nehmen Sie sich bitte wieder eine kleine Auszeit.

Nehmen Sie sich Zeit zur Selbstreflexion!

- Welche Ihrer Mitarbeiter tragen jene Beseeltheit und Besessenheit in sich? Und warum ist dies so?
- Was müssen Sie tun, damit auch Ihre anderen Mitarbeiter davon ergriffen werden? Und wie steht es um Sie selbst?

3. Teil

Vertriebsintelligent führen: Excellence in Leadership

1. Zwei Spitzenmarken

Der Kühlschrank-Zertrümmerer

Zhang-Ruimin

»*China braucht seine eigenen großen Marken, China kann nicht ewig vom billigen Produzieren leben*«, so und ähnlich wird *Zhang-Ruimin* zitiert – Sie erinnern sich an ihn aus Teil 1, der Bauernsohn, der zum Chef des Haushaltsgeräte-Giganten *Haier* aufstieg. *Zhang-Ruimin* ist die Führungspersönlichkeit, die sich und das von ihm geführte Unternehmen bewusst anders und sicherlich kampfbereit im Markt positioniert und auf dem Weltmarkt aufstellt. Die Führungskraft, die auch im Inneren des Unternehmens alles anders macht, als man es bis dato gewohnt war. Eine Anekdote mag dafür stehen: Eher unfreiwillig hatte er, der unter der Kulturrevolution niemals Oberschule oder Universität besuchen konnte, den maroden Staatsbetrieb *Allgemeine Qingdaoer Kühlschrankfabrik* übernommen, in dem unmotivierte Arbeiter unter fragwürdigen Bedingungen minderwertige Kühlschränke herstellten. Bis ein Kunde sich heftig über Qualitätsmängel beschwerte und *Zhang-Ruimin* mit dem sprichwörtlichen wie tatsächlichen Schlaghammer ein »Management-Fanal« setzte, das eine neue Zeit einläutete, ja, einhämmerte: Mit Schlaghämmern ließ er die Arbeiter die gesamte fehlerhafte Kühlschrankproduktion eigenhändig zertrümmern, dann führte er ein Weiterbildungs- und ein Qualitätsmanagementsystem ein – und so führte er *Haier* an die (momentan noch) vierte Stelle im Bereich Weiße Ware.

Daher jubelt *Die Zeit* im Oktober 2003: »*Nirgendwo ist es in der Volksrepublik bisher gelungen, aus eigener Kraft in so großem Stil für den Weltmarkt zu produzieren wie unter Zhangs Führung. Das amerikanische Wirtschaftsmagazin* Fortune *setzt den* Haier-*Chef an die 19. Stelle der einflussreichsten Manager der Welt. (...) Das lohnt ihm auch das Publikum daheim: 18 000 chinesische Studenten, die im Frühjahr gefragt wurden, für welche Firma sie am liebsten arbeiten würden, wählten* Haier *noch vor* IBM *und* Microsoft *zu ihrer Traumfabrik.*« Das ist ein Ergebnis vertriebsintelligenter Führung.

Spitzt man es zu, so hat *Zhang-Ruimin* genau das getan, was einen anderen charismatischen Leader, *John F. Kennedy* (1917–63), nach eigenen Worten auszeichnete und antrieb: »*Manche Menschen sehen die Dinge, wie sie sind, und sagen: ›Warum?‹ Ich träume von Dingen, die es nie gab, und sage: ›Warum nicht?‹*«

»Führung« hat im Bereich der VertriebsIntelligenz immer zwei große Aspekte: Selbst- und Mitarbeiterführung (menschenbezogen) sowie Markenführung (unternehmensbezogen). Zwar werden wir uns in diesem Kapitel überwiegend mit den vier Ebenen der (menschenbezogenen) Führung beschäftigen, doch will ich auf ein weiteres exzellentes Beispiel der vertriebsintelligenten Markenführung eingehen, um die hier erforderlichen Kernkompetenzen zu beschreiben.

Kaiserlich versichert!

Herr Kaiser

Die *Hamburg-Mannheimer Versicherungs-AG* gehört zu den Top 100 der deutschen Marken und wurde als »Superbrand« ausgezeichnet. Sie zeigt als *Offizieller Versicherer und Nationaler Förderer der FIFA Fußball-Weltmeisterschaft 2006*™ ihre Kompetenz, ihre Finanzkraft und ihre Stärke – Merkmale des Unternehmens, die immer wieder von renommierten Rating-Agenturen mit Bestnoten honoriert werden. Die Zielgruppenorientierung ihrer Vertriebe ist im deutschen Versicherungsmarkt einzigartig. »Herr Kaiser«, Deutschlands bekannteste Werbefigur, steht im Dienste der *Ham-*

burg-Mannheimer. Seit mehr als 100 Jahren bündelt die *Hamburg-Mannheimer* Know-how und Erfahrungen im Finanzdienstleistungsbereich und setzt sie in Erfolg um. Vom Gründungsjahr 1899 an verfolgte die *Hamburg-Mannheimer* ein Ziel: als langfristiger Wegbegleiter in der privaten Absicherung zu einer festen Größe im Leben der Menschen zu werden.

Hamburg-Mannheimer ist Superbrand Germany 2005

Erfolg und Markenwert der *Hamburg-Mannheimer* spiegeln sich in der Auszeichnung als *Superbrand* wieder.

> **Ein Superbrand ist eine Marke mit hohem Ansehen und Marktwert. Sie reflektiert unverwechselbar den Inbegriff der Qualität einer Leistung oder eines Produktbereiches und verankert sich im Bewusstsein der Verbraucher und in der Wirtschaft über einen oft sehr langen Zeitraum. So erlangt sie eine herausragende Stellung. Die unabhängige, weltweit operierende Organisation *Superbrands* zeichnet mittlerweile in 48 Ländern auf der ganzen Welt die Top-Marken aus.**

Sicherheit als Zukunftsthema

Die *Hamburg-Mannheimer* blickt nicht nur auf eine lange Tradition zurück, sondern auch in eine erfolgreiche Zukunft. Denn der Markt für Vorsorge und Vermögensbildung gehört zu *den* Wachstumsmärkten. Private Vorsorge und Vermögensbildung ist längst keine Kür mehr, sondern Pflicht. Für alle Menschen. Die Veränderungen in der Bevölkerungsstruktur, niedrige Geburtenzahlen, steigende Lebenserwartung und zunehmende Überalterung führen zur Erosion der staatlichen Sicherungssysteme. Das sind Entwicklungen, die das Bedürfnis der Menschen nach Sicherheit zu einem essenziellen Zukunftsthema machen.

Leere Rentenkassen

Gerade bei dem wachsenden Sicherheitsbedürfnis denken Kunden zweimal nach, denn sie können nur auf ein Versicherungsunternehmen setzen, das mit einer ausgezeichneten Finanzkraft aufwarten kann. Aus leeren Rentenkassen kann man ja auch kein Geld holen. Immer mehr rücken Sicherheit und Finanzkraft deshalb in den Fokus des Kundeninteresses. Denn gerade wenn es um dauerhaften Vermögensschutz oder lebenslange garantierte Rentenzahlungen geht, muss der Kunde dem Leistungsversprechen seines Versicherers zu Recht und auf lange Zeit Vertrauen schenken können.

Das von den Kapitalanlage-Spezialisten erwirtschaftete Plus kommt den Kunden zugute. Was mit 42 276 Mark Prämieneinnahmen im Jahr 1899 begann, sieht mehr als 100 Jahre später so aus:

- über sechs Millionen Kunden,
- über drei Milliarden Euro Beitragseinnahmen,
- mehr als drei Milliarden Euro ausgezahlte Leistungen jährlich, das sind circa 14 Millionen Euro pro Arbeitstag,
- rund 32 Milliarden Euro Kapitalanlagebestand.

Ein Erfolg wie dieser bleibt nicht unbemerkt – und wird honoriert. Von renommierten Rating-Agenturen erhält die *Hamburg-Mannheimer* seit Jahren Bestnoten – für Produkte und für ihre Finanzkraft. Von *Standard & Poor's* gab's ein »A+« (Stand: Januar 2006) für sehr gute finanzielle Sicherheit, *Moody's* stuft die *Hamburg-Mannheimer* hinsichtlich ihrer finanziellen Sicherheit als »exzellent« ein (Stand: September 2005) und ein »A+« kam auch von *Fitch Ratings* (Stand: Januar 2006).

An der Spitze der Versicherungen

So avancierte die *Hamburg-Mannheimer* an die Spitze der deutschen Lebens- und Unfallversicherer und ist damit eine feste Größe im Finanzdienstleistungsmarkt. Sie ist Teil einer der größten und erfolgreichsten Versicherungsgruppen der Welt: der *ERGO-Gruppe* mit ihrem Hauptaktionär, der *Münchener Rück*, der weltweit größten Rückversicherungsgesellschaft. *ERGO* ist mit Abstand die Nummer zwei in Deutschland – mit 17 Millionen Kunden in Deutschland und 31 Millionen in Europa. Diesen Erfolg verdankt sie Innovationen, Ideen, Impulsen – die Entwicklung neuer und die Optimierung zeitgemäßer Produkte ist von jeher bedeutender Kernbereich der *Hamburg-Mannheimer.*

Das Gesicht der HM

Kaiser schlägt Klementine und Meister Proper!, so könnte man sagen. »Herr Kaiser« ist eine der erfolgreichsten Werbeikonen und Deutschlands bekannteste Werbefigur. Inzwischen in dritter Generation verkörpert er Menschlichkeit, Glaubwürdigkeit, Vertrauenswürdigkeit, Kompetenz, Sympathie und Modernität des Unternehmens. Günter Kaiser steht für das »Prinzip Kaiser« der *Hamburg-Mannheimer,* mit dem Beratung auf Augenhöhe und ein hohes Verständnis für Kundenwünsche verbunden ist. Damit repräsentiert »Herr Kaiser« jeden einzelnen Vermittler der *Hamburg-Mannheimer.* Auch das positive Markenbild der Versicherung sowie ihr hoher Bekanntheitsgrad – 83 Prozent der Deutschen kennen die *Hamburg-Mannheimer* – wurden nicht zuletzt von Herrn Kaiser geprägt. Deshalb vertrauen besonders viele Premiumkunden mit hohem Einkommen, hohem Bildungsniveau und überdurchschnittlichem Wohnumfeld der Versicherung. Finanzielle Stärke, Partnerschaft, Kompetenz, Flexibilität und Professionalität sind zudem Begriffe, die in Zusammenhang mit der *Hamburg-Mannheimer* gebracht werden und in hohem Maße ihren Markenwert symbolisieren.

Die FIFA Fußball-Weltmeisterschaft ist kaiserlich versichert

Die *Hamburg-Mannheimer* ist *Offizieller Versicherer und Nationaler Förderer der FIFA Fußball-Weltmeisterschaft Deutschland 2006™.* Mit ihrem Engagement für die FIFA Fußball-WM 2006™ stellt die Versicherung ihre Kompetenz als sicherer und finanzstarker Versicherungspartner in den Dienst dieses sportlichen Großereignisses. Für das Organisationskomitee FIFA Fußball-WM 2006™ hat die *Hamburg-Mannheimer* eine umfassende Ausrichter-Haftpflichtversicherung abgeschlossen. Zusätzlich wurden zahlreiche andere Risiken abgedeckt, beispielsweise Unfall-, Rechtsschutz- und Vermögensschaden-Haftpflichtversicherungen, eine Stadionsachversicherung sowie eine Veranstalter-Ausfallversicherung. Nicht zuletzt sind die rund drei Millionen Zuschauer automatisch über ihre Eintrittskarte unfall- und rechtsschutzversichert; selbst die goldene *FIFA Weltmeisterschaftstrophäe*™ wurde im Rahmen einer Pokalversicherung mit 350 000 Euro versichert.

Mit zahlreichen Aktionen vor Ort hat die *Hamburg-Mannheimer* die Begeisterung für die *FIFA Fußball-WM 2006™* in Deutschland nach außen getragen. Der Symbolwert ist gewaltig: »*Wer über eine herausragende Finanzkraft und Kompetenz verfügt, dass er ein solches Mega-Event versichern kann, bei dem ist die private Vorsorge natürlich in den allerbesten Händen*« – das ist die Aussage, die sich allen Kunden vermittelt. Und diese Fußball-Versicherungseuphorie wird auch intern zu einem wichtigen Führungsmittel ausgebaut. Viele Aktionen und fußballbezogene Ideen werden mit und für die *HM*-Mitarbeiter umgesetzt, die das »Sportfieber« zu immer neuen Spitzenleistungen führen soll.

Das Land braucht Führungspersönlichkeiten

Die Beispiele zeigen, dass die Führungskompetenz ebenso wie das Vertriebswissen zur Könnerschaft entwickelt werden muss, wenn Ihre Vertriebsabteilung und Ihr Unternehmen zu einer Umsatz-Maschine werden sollen. Führungskompetenz – jetzt geht es also um Sie, um Ihre Kernfähigkeiten:

Kompetenzbereich F:
Führungskompetenz zu Excellence in Leadership ausbauen

- Die besten der besten Mitarbeiter für Ihr Unternehmen finden und sie dauerhaft ans Unternehmen binden
- Sich vom Manager zum Leader weiterentwickeln
- Als Leader die Führungseigenschaften besitzen, Ihre Mitarbeiter zum Erfolg zu führen. Und zwar als jemand, der durch seine Persönlichkeit, Überzeugungskraft und sein Verantwortungsbewusstsein anderen Menschen hilft, all ihre Potenziale auszuschöpfen. Zu ihrem eigenen Vorteil, aber auch zum Vorteil der Vertriebsabteilung und des Unternehmens
- Die »vier Ebenen der Führung« beherrschen und auf jeder dieser Ebenen wahre Könnerschaft entfalten
- Das Unternehmen zur »strategischen Denkfabrik« führen und Know-how, Innovationen und Strategien in Umsätze und Rendite ummünzen

2. Recruitment von Vertriebsmitarbeitern

Acht Wege

Entscheidend ist zunächst, die richtigen Mitarbeiter für das Unternehmen zu finden und an es zu binden. Ich sage dazu immer: die wichtigen Mitarbeiter. Denn sie sind nicht nur entscheidend wichtig für den Unternehmenserfolg – sie werden auch nur so gut und leistungsbereit sein, wie sie wichtig sind, wie *Sie* sie für wichtig erachten und dies in Einstellung und Handlung zeigen.

Rekrutierung

Man kann die Analogie mögen oder nicht: Der Begriff »Rekrutierung« stammt aus dem militärischen Bereich. Der Rekrut wird eingezogen, Fremdenlegionäre oder Söldner werden rekrutiert. Das ist ja wenig zauberhaft. Und läuft meiner Meinung nach den r/wichtigen Mitarbeitern diametral entgegen. Denn Sie wollen die Menschen im Vertrieb, die sich richtig für Ihr Unternehmen einsetzen, die kompetent und engagiert sind, die die Unternehmensstrategie und das Portfolio verinnerlicht haben und die der Meinung sind, dass sie damit den Kunden etwas Gutes tun.

Ein richtiges Wort für diese Einstellung (im doppelten Sinne!) gibt es wohl nicht. Behelfen wir uns übergangsweise mit dem eingedeutschten »Recruitment«, wenn wir uns überlegen, wo Sie diese Menschen erreichen, die Sie zu vertriebsintelligenten Verkäufern im Sinne der Verstärkung der Umsatz-Maschine machen können. Die acht Wege für das Recruitment von (Vertriebs-)Mitarbeitern lauten:

1. Direktansprache / Abwerbungen
2. Mitarbeiternetzwerke
3. Mittler wie Headhunter, Recruitment-Unternehmen oder auch Vereine / Verbände / Einflussempfehlungen
4. Kunden
5. Internetbörsen
6. Zeitungsannoncen
7. Company-Branding
8. Zufall

Company-Branding

Schauen wir uns zwei Beispiele daraus genauer an; zunächst das so genannte *Company Branding*. Darunter versteht man die Attraktivität, die Sogwirkung, die eine starke Unternehmensmarke auf die besten *High Potentials* und Führungskräfte ausübt. Die Rankings dieser Marken in den verschiedenen Branchen sind tatsächlich größeren Schwankungen unterworfen – und es gibt sehr viel, das Sie als Führungskraft oder als Unternehmer selbst (gemeinsam mit den HR-/PE-Abteilungen) dazu beitragen können, damit Sie die umsatzstärksten Vertriebsmitarbeiter, die *Right Potentials*, und die besten Führungskräfte nicht suchen müssen, sondern diese zu Ihnen kommen wollen. Auch hier heißt Führung wieder »Markenführung«! Und noch etwas: Der Demografiefaktor, also die zunehmende Überalterung der Bevölkerung, die Veränderung des Verhältnisses »älterer zu jüngeren« Menschen, hat Einfluss auf die Chancen in der Rekrutierung geeigneter Nachwuchskräfte. Diese werden sich nicht nur das für sie attraktive Land, sondern eben auch das für sie attraktive Unternehmen aussuchen wollen und können. Und diesen erneuten *War for Talents* werden die Unternehmen für sich entscheiden, die eine hervorragende Markenführung, ein gutes *Company-Branding*, vorweisen können.

Im Bereich des Network-Marketings sind Mitarbeiter- beziehungsweise Vertriebspartner-Netzwerke mit die entscheidenden Börsen für die Rekrutierung oder die Werbung und Einstellung neuer Vertriebsmitarbeiter. Und deren Potenzial wird oft bei Weitem nicht ausgeschöpft! Weil weder Vertriebsführungskraft noch Mitarbeiter wirklich in der Lage sind, ihr Personengedächtnis hinreichend zu aktivieren, um zu neuen Strategien zu gelangen. Dabei müssen diese Mitarbeiter ja (noch) keinen Vertriebsschwerpunkt haben, sie müssen nur vertriebsintelligent sein. Einige Ideen:

Der Weg zu neuen Vertriebsmitarbeitern:	
Früherer Arbeitsplatz	Frühere Arbeitgeber und Kollegen; Mitglieder von Handels- oder Berufsverbänden; frühere Kunden oder Zulieferer, Wettbewerber oder Vertriebspartner etc.
Ausbildung	Ehem. Ausbilder, Mitschüler, Kommilitonen, Alumni etc.
Freizeit	Vereinsbrüder; Diskussionsveranstaltungen; Events; Urlaubsbekanntschaften; politische Partei, Sportgemeinschaft etc.
Besitz	Z. B. weil Sie ein eigenes Haus haben: Vorbesitzer, Architekt, Makler, Lieferanten etc.
Maintenance	Lebensmittel, Reinigung, Reifenhandel, Autohändler etc. An wen haben Sie im letzten Jahr Rechnungen bezahlt?
Business-Plattformen online	Wen finden Sie in den vielen Business-Plattformen oder branchenspezifischen Foren im Internet? Wer tummelt sich in all den Franchise-Börsen, Freiberufler-Foren und Gründer-Plattformen? Etc.

Von Recruitment über Retention bis Outplacement

Mitarbeiter-Fluktuation

Die Mitarbeiter-Fluktuation ist gerade im Vertrieb oft recht groß: Der eine oder andere, oft gerade der besonders Gefragte, wechselt nach einiger Zeit vielleicht von selbst und verändert sich – von anderen möchte oder muss man sich trennen. Und beides müssen Sie managen, mit beiden Situationen müssen Sie umgehen können!

Gold Collar Worker

Gerade Topmitarbeiter mit hoher Vertriebskompetenz verlassen als Erste das Unternehmen, wenn Entscheidendes nicht stimmt. Für die so genannten *Gold Collar Worker* ist nach Studien die Loyalität zu einem Unternehmen immer weniger wichtig. Und sie ist vor allem dann nicht vorrangig, wenn die Bedingungen für eine Top-Performance nicht gegeben sind. Mit ihnen wandern dann aber auch Know-how, Umsatzvolumina, gute Motivatoren, womöglich Kundenstämme und oftmals auch weitere gute Mitarbeiter aus der Mannschaft ab. Deshalb messen zwar mehr als 90 Prozent der Unternehmen dem *Retention-Management* – also der Fähigkeit und Möglichkeit, gute Leute zu »halten« – eine große Bedeutung bei, doch verfügen nur wenige über gezielte Initiativen und Instrumente zur Bindung spezieller Mitarbeitergruppen; lediglich 20 Prozent der Unternehmen stellen ein eigenes Budget für das *Retention-Management* zur Verfügung. Und die allerwenigsten Unternehmen verfügen über Methoden, ihre Leistungsträger zu identifizieren und zu halten, so einige Ergebnisse der *Retention-Studie 2000* von *Kienbaum Management Consultants*.

Gute und kompetente Führung, angemessene Honorierung (was »angemessen« bedeutet, liegt natürlich im individuellen Ermessen), erlebte Wertschätzung, sinnerfüllte Arbeit, Identifizierung der Leistungsträger durch das Unternehmen, Coaching, Personalentwicklung, allgemeine Erhöhung der eigenen Employability – das sind nach verschiedenen Studien die Kleber, die die Leistungsträger im Unternehmen halten.

Ex-Mitarbeiter zu positiven Agenten machen

»Hochzeiten sind freiwillig, Beerdigungen sind Pflicht« – das heißt sowohl, dass man auch Trennungen besonders »ritualisiert« durchführen sollte, als auch, dass fast immer der Zeitpunkt für eine Trennung kommen wird. Recruiting ist eben nicht »Behalting«, heißt es salopp im Vertrieb. Wahr ist:

**Die Richtigen zum Aufbau sind nicht (immer)
die Richtigen zum Ausbau.**

Wahr ist auch: Sie haben die Entscheidung in der Hand, ob Sie bei der Trennung »verbrannte Erde« hinterlassen, einen Ex-Mitarbeiter, der Ihnen persönlich etwas übelnimmt und – arbeitsvertragliche Klauseln hin oder her – niemals mehr ein gutes Haar an Ihrer Firma lassen wird. Oder ob Sie mittels kompetenter Outplacement-Beratung oder -Unterstützung einen Ex-Mitarbeiter auf den Markt entlassen, der sich bis zuletzt (wenigstens) als Mensch und Mitarbeiter wertgeschätzt fühlt und ein »positiver Agent« für Ihr Unternehmen bleibt.

Nehmen Sie sich Zeit zur Selbstreflexion!

- Nutzen Sie die acht Wege, um vertriebsintelligente Mitarbeiter für Ihr Unternehmen zu gewinnen?
- Schlüsseln Sie die für Ihre Abteilung, Ihr Unternehmen entscheidenden Kompetenzen der VertriebsIntelligenz auf und nutzen Sie diese für die Job-Profile der neu einzustellenden Mitarbeiter. Vertriebsintelligente Mitarbeiter sorgen unter den richtigen Bedingungen im Unternehmen »von alleine« für mehr Umsatz.
- Ist Retention-Management eine Aufgabe, die Sie und die Manager an alle Hierarchiestufen adressieren und beherrschen?
- Haben Sie überhaupt eine Liste der Mitarbeiter, die Sie auf jeden Fall halten wollen?
- Wissen Sie, wie Sie diese Mitarbeiter im Ernstfall halten und ihr vertriebsintelligentes Handeln stärken können?
- Outplacement: Wie steht es um die Kultur des Trennens in Ihrem Unternehmen? Verbrannte Erde – oder »positive Agenten«?

3. Leadership: Menschen authentisch zum Erfolg führen

Effektiv und effizient

»Management bedeutet, die Dinge richtig zu tun. Leadership bedeutet, die richtigen Dinge zu tun.« Das berühmte Zitat von *Peter F. Drucker* zeigt: Auch bei der Beantwortung der Frage, was unter vertriebsintelligenter Führung zu verstehen ist, begegnet uns die Unterscheidung von effektivem und effizientem Verhalten. Ich möchte mit meiner Definition, was unter *Excellence in Leadership* zu verstehen ist, nicht lange hinter dem Berg halten. Sie lässt sich auf eine einfache Formel bringen: *Excellence in Leadership* heißt Mitarbeiter fördern und fordern, heißt Mitarbeiter bei dem Erwerb und der Entfaltung derjenigen Kompetenzen unterstützen, die sie benötigen, um ihren Job optimal zu erledigen. Sie als Führungskraft sind dafür verantwortlich, Ihren Mitarbeitern die Vision des Unternehmens nahe zu bringen, ihnen den Weg zu zeigen, die großen Stolpersteine zu entfernen und vorzuleben, was »die richtigen Dinge« sind.

Vom Manager zum Leader

Manager – Leader: Das ist mehr als Wortspielerei. Leadership heißt, andere erfolgreich zu machen und Mitarbeitern zum Erfolg zu verhelfen – zum Wohle aller: zur Zufriedenheit Ihrer Mitarbeiter, zu Ihrer Zufriedenheit – und zur Zufriedenheit des Unternehmens.

Die Mitarbeiter sind das wichtigste Kapital, das Unternehmen einsetzen können, um sich zu »Umsatz-Maschinen« zu entwickeln. Ohne das Investment in die Mitarbeiter und ihre Kompetenzen ist nachhaltiger Erfolg nicht möglich. Helfen Sie Ihren Verkäufern, ihre Tätigkeit im Unternehmen eigenständig auszugestalten, um erfolgreicher zu sein – durch Ihr Leadership, durch Ihre Führungspersönlichkeit und indem Sie Verantwortung für sich und andere übernehmen.

Natürlich ist es Ihre Aufgabe, Arbeitsabläufe und Prozesse zu managen und zu optimieren. Das ist Management – da geht es um das Organisieren, um Techniken, Dinge zu regeln, Vorgänge zu bearbeiten, zu delegieren. Ein Leader aber leistet mehr. Er weiß, dass Mitarbeiter nicht Rädchen im Getriebe sind, die nach logischen und rationalen Gesetzen gefälligst zu funktionieren haben. Der Leader geht seinen Mitarbeitern voran, er führt sie, er weist ihnen einen Weg – den Weg aber müssen sie selbst gehen. Er stattet die Mitarbeiter mit den dazu notwendigen Kompetenzen aus; mit Hilfe seiner sozialen und emotionalen Energien und Kompetenzen eröffnet er den Menschen einen Raum, in dem sie eigenverantwortlich ihre Fähigkeiten entfalten und entwickeln können. Und: Er hat Vertrauen in die Selbststeuerungskräfte des Individuums. Seine Führungsmaximen zielen daher nicht auf die Optimierung von Managementprozessen ab. Der Leader ist nicht der bessere »Techniker«, er ist ein Menschen-Führer.

Was hält Mitarbeiter in der Firma?

»Das Einzige, was mich in dieser Firma hält, ist die Schwerkraft.« Dieser bitterböse Spruch von Mitarbeitern zeigt, wie man in die innere Kündigung geht. Haben Sie sich mal gefragt, ob Ihre Mitarbeiter noch da sind – oder heißt es: »Chef allein zu Haus«? Natürlich meine ich damit nicht, dass Ihre Mitarbeiter physisch abwesend sind. Gemeint ist ihre innere Einstellung, gemeint ist die Motivation der Menschen, die Ihrem Leadership anvertraut sind, die sich Ihnen anvertrauen. Wie viele Ihrer Mitarbeiter haben innerlich gekündigt? Wie viele leisten lediglich Dienst nach Vorschrift? Wie viele Ihrer Verkäufer sind zwar körperlich anwesend, in Gedanken aber bei Hobby, Freizeit, Familie, Sport ...? Tatsächlich wissen die meisten ab 17 Uhr, wie das Leben geht ...

Ja, das ist ein oftmals verschwiegenes Problem in deutschen Unternehmen. Welche Führungskraft gibt schon zu, dass die eigenen Mitarbeiter wohl nicht so motiviert sind, dass sie es nicht schafft, sie richtig mitzureißen. Schönreden statt sich der Wahrheit stellen, heißt dann die Devise.

Umsatzkritische Unzufriedenheit

Doch um die Arbeitszufriedenheit der Mitarbeiter ist es schlecht bestellt – das fand das Meinungsforschungsinstitut *Gallup* durch die Befragung von 2000 Beschäftigten heraus. 70 Prozent (!) machen Dienst nach Vorschrift, 18 Prozent verspüren sogar überhaupt keine Lust auf ihre Arbeit – so die Einstellung der meisten Arbeitnehmer, deren emotionale Bindung an den Job überhaupt nicht oder nur sehr gering ausgeprägt ist. Und die nach Jahresfrist folgende Studie vom Herbst 2005 sieht keinen Deut besser aus!

Die Gründe für die Unlust: schlechtes Management, mangelnde Anerkennung, die falsche Position, das Desinteresse des Vorgesetzten und fehlende Förderung. So kritisieren die Befragten, sie wüssten oft nicht, was von ihnen erwartet werde, ihre Vorgesetzten interessierten sich nicht für sie als Menschen, sie hätten keine Chance sich weiterzuentwickeln, man würde ihnen nicht vertrauen.

Noch mehr Anlass zur Besorgnis gibt eine Studie des Magazins *Avanti:* Danach ist jeder dritte Arbeitgeber in Deutschland mit seinem Chef unzufrieden. So beklagen 12 Prozent, dass sie von ihm nicht genügend gelobt und motiviert werden, fast jeder Zehnte ärgert sich darüber, dass der Chef seine Launen an ihm auslässt.

Die schlimmste Zahl: 24 Prozent der Befragten sind überzeugt, sie würden die Arbeit auch nicht schlechter machen als er – was zeichnet eine Führungskraft dann noch als eine solche aus?

Leadership ist erlernbar

Sind Deutschlands Führungskräfte auf einem Tiefpunkt angelangt? Die Frage muss bejaht werden – zumindest wenn man sie auf das Ansehen der Wirtschaftselite in der Öffentlichkeit bezieht. Es war immerhin das *manager magazin*, das im September 2004 die Story von den »neuen Prügelknaben der Nation« titelte. Wechselt man die Perspektive, hat die Nachricht auch etwas Gutes: In der Führungskompetenz liegt ein enormes wirtschaftliches Entwicklungs- und Erfolgspotenzial brach!

Gibt es ein Leader-Gen?

Bleibt die Frage: Wie kann das Potenzial gehoben werden? Dazu muss erst einmal mit einem weit verbreiteten Vorurteil aufgeräumt werden, nämlich dass Führungskompetenz mit einem »Leadership-Gen« angeboren sei, nach dem Motto: »Man hat es, oder man hat es nicht«. Vielmehr stimmt: Echte Führungskompetenzen, verantwortungsvolles Leadership sind erlernbar und auf jeden Fall trainierbar.

Aber – so werden Sie jetzt einwerfen – gibt es nicht jene charismatischen Führungspersönlichkeiten, denen die Menschen gleichsam ohne eigenes Zutun folgen?

»Führen mit Charisma« – immer wieder taucht dieser schillernde Begriff in der Managementliteratur auf und schlägt sich nieder in Buchtiteln wie *Der Kennedy-Effekt. Mit Charisma zu Macht und Einfluss*, *Charismatische Unternehmensführung* und *Charisma. Mehr Erfolg durch persönliche Ausstrahlung*. Zumeist stellen die Autoren den Paradiesvogel »Charisma« in einen Zusammenhang mit der Ausstrahlung eines Menschen, die ihm »wie von selbst« den Erfolg einbringt, den andere sich hart erarbeiten müssen. Gemeint sind jene Menschen, die uns aufgrund ihres überzeugenden Auftretens zu motivieren, zu überzeugen und mitzureißen verstehen. Oft sind es Sympathieträger, die sofort und überall eine positive und optimistische Stimmung verbreiten, die wir als charismatische Menschen bezeichnen. »Dieser Mann hat das gewisse Etwas, diese Frau hat eine umwerfende Ausstrahlung, die überzeugt«, heißt es dann.

Wenn wir charismatische Persönlichkeiten nennen sollen, denken wir an so unterschiedliche Menschen wie *Alexander den Großen*, an *Julius Caesar* und *Napoleon*, an *Kofi Annan*, an *Mutter Teresa*, *Marie Curie*, vielleicht eine *Indira Ghandi*, an *Helmut Schmidt*, *John F. Kennedy* und *Nelson Mandela;* selbst *Mata Hari* soll charismatisch gewesen sein. Manche Menschen nennen auch ihre Mutter oder ihren Vater. Denn zum Charisma gehören mehr Qualitäten als Ausstrahlung und eine gewisse geistige oder körperliche Attraktivität.

Authentizität und Glaubwürdigkeit

Der Kulturphilosoph *Hanns Guenther Ullmann* meint dazu: *»Was den Charismatiker als formellen Führer auszeichnet, ist nicht die Ansammlung von Wissen und Kompetenzen, über die er in entsprechend verantwortlicher Position gleichwohl verfügen muss, es ist seine Art, Wissen und Kompetenz zu repräsentieren, ihnen Authentizität und lebendige Dichte zu verleihen, sie auf unverwechselbare, von seiner Individualität geprägte Weise zu vermitteln.«*

Wer etwas von NLP, Neurolinguistischem Programmieren, versteht, wird hierzu auch »Kongruenz« sagen: in Übereinstimmung sein mit Werten und Sachverhalten. *Alfred Herrhausen*, der übrigens auch ein charismatischer Mensch gewesen sein soll, wird das Zitat zugeschrieben: *»Was wir denken, müssen wir am Ende sein.«*

In meinen Worten formt dies das Motto, das meine Tätigkeit als Referent und Trainer seit vielen Jahren begleitet: Die Qualität meiner Gedanken, meiner Fragen, meines Denkens bestimmt die Qualität meines Lebens.

Charisma hat demnach etwas zu tun mit Authentizität, mit Glaubwürdigkeit, mit Vertrauenswürdigkeit. Wer über diese Eigenschaften verfügt, dem wird Autorität zugedacht, dem wird sie von den anderen Menschen verliehen. Seit *Erich Fromm* wissen wir, dass sich die Differenz zwischen »Autorität haben« und »Autorität sein« aus den Worten »haben« und »sein« herleitet, die auf zwei verschiedene Existenzweisen hindeuten: Wer Autorität *hat*, dem ist sie per Dekret verliehen worden oder er hat sie sich angeeignet. Eine Führungskraft mit Autorität hingegen *ist* dies aufgrund ihrer Wesensmerkmale. Aufgrund dieser Merkmale haben ihr die Mitarbeiter freiwillig die Vollmacht übertragen und verliehen, sie zu führen.

Autorität im Haben- und im Sein-Modus

Ich bin der Meinung, dass wir alle an unserer Persönlichkeit arbeiten können, dass es uns allen möglich ist, als authentische Persönlichkeiten und damit als Autorität anerkannt zu werden – und zwar dann, wenn sich unsere Werte, Überzeugungen, Fähigkeiten und Verhaltensweisen in Übereinstimmung befinden.

Situativ angepasste Führung

Authentische Persönlichkeiten passen sich nicht chamäleonartig wechselnden Umständen an, sondern bleiben stets sie selbst. Dabei sind sie durchaus in der Lage, situativ angepasst zu reagieren, also diejenigen Führungstechniken einzusetzen, die der Situation und der Person angemessen sind. Das heißt zum Beispiel für Mitarbeitergespräche: Eine authentische Führungskraft verlässt sich nicht auf ihre vielleicht gute Menschenkenntnis allein, nutzt nicht nur ihr möglicherweise exorbitantes Improvisationstalent und ihre geistige Flexibilität, sondern ist ebenso in der Lage, Gespräche gezielt vorzubereiten, ein positives Gesprächsklima zu schaffen, Fragetechniken gekonnt einzusetzen und aktiv zuzuhören.

Authentische Führungspersönlichkeiten nehmen Mitarbeiter ernst, bauen so Vertrauen auf und reagieren in verschiedenen Gesprächssituationen mit den entsprechenden Management-Tools.

Personale Führung: Menschen als Persönlichkeiten wahrnehmen

Gemeinsam ist authentischen Führungspersönlichkeiten – und darin folge ich dem Jesuitenpater, Berater und Managementautor *Rupert Lay* –, dass sie Menschen als individuelle, einmalige und einzigartige Persönlichkeiten in ihrem So-Sein wahrnehmen, respektieren und akzeptieren. Sie haben ein personales Menschenbild, kein funktionales. Sie sehen andere nicht als Träger einer Funktion, einer auszuübenden Tätigkeit, etwa als Träger der Rolle »Verkäufer«. Sie sehen sie nicht als Mittel zum Zweck.

Positiv ausgedrückt: Führungspersönlichkeiten – also Leader – sehen zuallererst den Menschen im Mitarbeiter. Der Mensch, der Mitarbeiter ist das *Ziel des Handelns* der Führungspersönlichkeit.

»Der Mitarbeiter soll tun, was von ihm verlangt wird« – ein echter Leader wird gar nicht erst auf die Idee kommen, einen solchen Satz zu äußern. Sein Grundsatz lautet vielmehr: »Ich will dem Mitarbeiter helfen, das zu tun, wozu er imstande ist und was notwendig ist.«

Erst die Situation und der Mensch – dann der Führungsstil

Die meisten Manager führen Menschen mit Hilfe eines Führungsstils, von dem sie glauben, es sei der allein richtige. Der Mitarbeiter ist lediglich ein Mittel, mit dem bewiesen werden soll, dass der kooperative, der demokratische, der autoritäre – welcher Führungsstil auch immer, der beste, der richtige ist. Leader hingegen führen stets *situations- und personenangemessen*. Entscheidend hierbei ist, dass Resultate erzielt werden, dass Ergebnisse zustande kommen. Das ist das Wesen wirksamer Führung.

Nehmen wir nur die unzähligen Gesprächssituationen, die Sie jeden Tag bewältigen müssen: Motivationsgespräch, Beurteilungsgespräch, Kritikgespräch, Konfliktgespräch. Würden Sie lediglich über einen Führungsstil, über eine Gesprächsführungsstrategie verfügen und immer dieselbe Gesprächstechnik einsetzen – Ihre Gespräche wären zum Scheitern verurteilt. Ein Leader aber ist fähig, für jedes der Gespräche einen anderen kommunikativen Ansatz zu wählen: unterstützend-motivierend, konstruktiv-problemlösend, informierend, organisierend, auch autoritär und zurechtweisend – je nach Situation und Mitarbeiter.

Sie müssen also nicht über *einen* Führungsstil verfügen, sondern flexibel bleiben, um situationsangemessen zu handeln – wobei Sie natürlich den Reifegrad des einzelnen Mitarbeiters beachten. Denn zum personalen (personenzentrierten) Menschenbild gehört auch das Wissen, dass jeder Mitarbeiter anders – eben ein Individuum – ist und es durchaus Mitarbeiter gibt, die einer stärkeren (An-)Leitung bedürfen als andere. Und sicherlich gibt es Situationen, in denen eine Entscheidung nicht erst dann gefällt werden darf, wenn auch der letzte Bedenkenträger überzeugt worden ist. Wenn die Zeit drängt, wenn die schnelle Entscheidung top-down angesagt ist, wenn die konsensorientierte Diskussion zu inakzeptablen Verzögerungen führen würde, dann muss das Pendel auch einmal in die Richtung des autoritären Führungsverhaltens ausschlagen. Das heißt: Wenn die See rau ist, bleibt keine Zeit, eine Selbsterfahrungsgruppe zu gründen – dann ist schnelles Handeln und rasches Entscheiden gefragt. Und wie oft ist Ihre See rau?

Kurz- oder mittelfristige Führungserfolge

Allerdings: Haben Sie schon einmal mit einem Verkäufer zu tun gehabt, der durch autoritäres Befehlen langfristig mehr verkauft hätte? Barscher Befehlston und autoritäre Gängelei führen meist zu einer Verweigerungshaltung, die dem Unternehmen schadet, weil Verkäufer nicht mehr ihr volles Potenzial abrufen wollen. Autoritäre Führungsstrukturen ziehen ein eisiges Klima der Gleichgültigkeit und des Desinteresses nach sich; sie mögen kurzfristig Erfolge zeitigen – mittelfristig werden die besten Mitarbeiter, die mit Eigeninitiative und hohem Verantwortungsbewusstsein, vertrieben.

Meine Schlussfolgerung: Wer über ein situations- und personenspezifisches Repertoire an Führungs- und Gesprächstechniken verfügt, wer in einer gegebenen Situation denjenigen Führungsstil aufrufen kann, der angesichts des konkreten Mitarbeiters und der konkreten Situation der angemessene ist, der kann Mitarbeiter personal führen

und so behandeln, wie diese gerne behandelt werden wollen und wie es opportun erscheint.

Wichtig ist zudem, dass zwischen gefordertem und gelebtem Führungsverhalten keine Lücke klafft. Wenn auf dem Papier der partnerschaftliche Führungsstil verpflichtend ist, in der Realität jedoch die Überzeugung dominiert, der Mitarbeiter sei Mittel zum Zweck, sind Glaubwürdigkeitsprobleme vorprogrammiert.

Fordern und fördern

Wer nun meint, mit »personaler Menschenführung« solle Führungshandeln zu einer »Sozialveranstaltung« verbrämt werden – nach dem Motto: »Tue alles, damit sich der Mitarbeiter am Arbeitsplatz wohl fühlt und frei entfalten kann« –, der täuscht sich. Wer fördert, darf, ja muss, auch fordern. Es ist im Sinne des Mitarbeiters, wenn Sie ihn unmissverständlich auf unbefriedigende Arbeitsleistungen hinweisen, ihn korrigieren, kritisieren, vielleicht sogar malträtieren. Menschen fühlen sich eher bestätigt, herausgefordert und vor allem ernst genommen, wenn man etwas von ihnen verlangt, als wenn man ihnen und ihren vorhandenen oder fehlenden Leistungen Gleichgültigkeit entgegenbringt.

Menschen wollen gefordert werden

Die meisten Menschen wünschen die Herausforderung und wollen spüren, dass sie gebraucht werden. Das ist aber nur möglich, wenn Sie sie nicht immer nur im offensichtlichen Bereich des ihnen Möglichen fordern, sondern zugleich verlangen, dass sie ihre Grenzen überschreiten. Weder die permanente Überforderung noch die ständige Unterforderung führen dazu, dass Ihre Mitarbeiter mehr leisten, als sie eigentlich leisten zu können glauben. *Johann Wolfgang von Goethe* hat gesagt: *»Wenn wir die Menschen nur nehmen, wie sie sind, so machen wir sie schlechter; wenn wir sie behandeln, als wären sie, was sie sein sollten, so bringen wir sie dahin, wohin sie zu bringen sind.«* Ihr Leadership sollte bewirken, Mitarbeiter dabei zu unterstützen, das, was in ihnen angelegt ist, zur Entfaltung zu bringen.

»Leistung fordern und Mitarbeiter fördern« – fordern und fördern müssen in einem ausgewogenen Verhältnis zueinander stehen. Wer Sinn bietet, Vertrauen schenkt, Kompetenzen auf Mitarbeiterseite aufbaut, Anreize – auch ökonomische – schafft, darf auch fordern: Loyalität, Motivation, Einsatzbereitschaft.

Wer hilft, wo fördern reicht, schadet

Es ist ein Geben *und* Nehmen – konsequent und zum richtigen Zeitpunkt und in der richtigen Dosierung.

1. Wer frühzeitig hilft, wo rechtzeitiges Fördern ausreicht, schadet. Raupen brauchen im verpuppten Zustand ungefähr 14 Tage, bis das Naturwunder »Schmetterling« entsteht, der sich dann mühsam aus dem Kokon zu quälen scheint. Das kann man beschleunigen, indem man die Puppenhülle aufschneidet. Doch diese Hilfe gerät zum Pyrrhussieg: Diese Schmetterlinge entwickeln farblose, verkümmerte Flügel und können nicht fliegen.
2. Wer nur fördert, wo konkrete Unterstützung und Hilfe vonnöten ist, schadet ebenfalls.
3. Wer fordert, ohne zu geben, demotiviert und betrügt Menschen um ihre Leistung.
4. Wer gibt, ohne Gegenleistung zu fordern, handelt naiv, betrügt sich selbst und andere.

Wurzeln geben, zu halten, und Flügel, sich zu entfalten

In Griechenland sah ich zu meinem Erstaunen Palmen, deren Wedel am unteren Stamm mit einem Seil festgebunden waren. Ich erfuhr: Das ist der Überlebenstest für die Palme: Ist die Wurzel stark genug, wird das Seil bei einem starken Wind irgendwann reißen, und dann wird die Palme sicher stehen. Palmen hingegen, bei denen das Seil zu früh entfernt wurde, konnten den Stürmen nicht widerstehen. Will heißen: Diese Palmen wurden nicht genug gefordert – und waren deshalb nicht widerstandsfähig genug. Was hat das mit der Führungsarbeit zu tun? Nun: Wer seine Mitarbeiter rechtzeitig fordert und Belastungen aussetzt, darf sicher sein, sie fit zu machen für den Überlebenskampf in Vertrieb und Verkauf.

Nehmen Sie sich Zeit zur Selbstreflexion!

- Sind Sie ein Manager oder ein Leader? Wenden Sie die in diesem Kapitel genannten Leadership-Eigenschaften der authentischen Führungspersönlichkeit auf sich selbst an.
- Beschreiben Sie für sich – am besten schriftlich –, was Sie unter »personaler, personenfokussierter Führung« verstehen.
- Was müssen Sie tun, um sich zu einem Leader zu entwickeln?

4. Die vier Ebenen der Führung

Personales Führen und das Konzept »Fordern und Führen« – dies ist für die authentische Führungspersönlichkeit das Fundament, auf dem sie schließlich die »vier Ebenen der Führung« errichten kann.

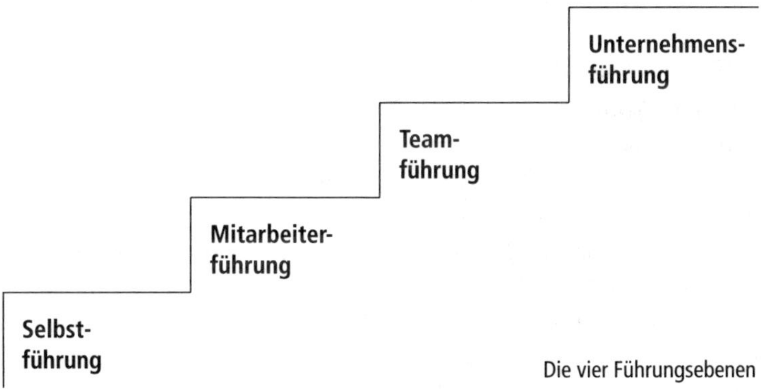

Die vier Führungsebenen

Introspektion: die ständige Selbstüberprüfung

Führung ist eine komplexe Tätigkeit mit abstrakt-theoretischen, strategischen und praktischen Anwendungsaspekten. Dafür ist ein große Zahl an Hard- und Softskills, an zahlreichen Fertigkeiten und Fähigkeiten notwendig.

Zu den erforderlichen individuellen Kompetenzen gesellen sich die sozialen, emotionalen und kommunikativen Kompetenzen, das gesellschaftliche Wohlverhalten, zielorientiertes und strategisches Denken, gepaart mit praktischem Um- und Durchsetzungsvermögen, und – nicht zuletzt – die Fähigkeit zur Introspektion, zur andauernden Selbstprüfung. In Distanz zu sich selbst gehen, sich gleichsam von außen betrachten, bewerten und beurteilen – der realitätsnahe Abgleich von Fremd- und Selbstbild gehört zu den Kardinaltugenden hervorragender Führungspersönlichkeiten. Nur wer sich immer wieder selbst hinterfragt und von außen betrachtet, wer sein Wirken und Tun an objektivierbaren Erfolgsmaßstäben misst, wird einen fortgeschrittenen Kompetenzgrad der Selbstführung erreichen – und damit der Führung anderer Menschen. Oder anders ausgedrückt:

Nur wer sich selbst führen kann und Verantwortung für sich und seine Taten übernimmt, kann auch andere verantwortungsbewusst führen.

Profis managen sich selbst

Wer sich selbst führen können will, kommt nicht umhin, sich mit seiner Persönlichkeit zu beschäftigen, sich quasi »von außen zu betrachten«. Seit Menschengedenken befinden wir uns auf der Suche nach einer »Theorie«, mit der wir Menschen – und damit auch uns selbst – besser einschätzen und beurteilen können. Dazu sind zahlreiche Typologien entwickelt worden: von der Lifo-Methode und dem DISG-Persönlichkeitsmodell über das *Insights*-Modell und den *Myers Briggs Type Indicator (MBTI)* bis zum *Herman Dominance Inventory (HDI)* und zur Transaktionsanalyse – um nur einige aufzuzählen. Und sicherlich ist es sinnvoll herauszufinden, welches dieser Modelle auf Sie »passt«. Viele Unternehmer und Führungskräfte arbeiten mit einem oder mehreren dieser Systeme; ich selbst habe gute Erfahrungen mit dem *Insights*-Modell (Frank M. Scheelen, www.scheelen-institut.de, ist exklusiver Lizenzgeber für INSIGHTS MDI®) gemacht.

Wie im Spitzensport

In meiner gut 25-jährigen Berufserfahrung im Vertrieb habe ich nicht nur die Erfahrung gemacht, dass Verkaufen hinsichtlich der Anforderungen mit dem organisierten Spitzensport und dem Vertrieb zu vergleichen ist. Ich habe auch festgestellt, dass verschiedene Spitzenführungskräfte – Leader – und Spitzenvertriebler unterschiedlichen Sportlern gleichen, dass sie deren Erfolgsmuster umsetzen und anwenden, um zu außergewöhnlichen Arbeits-, Motivations- und Umsatzerfolgen zu gelangen.

Diese Erfolgsmuster entsprechen in der Regel Einzelkompetenzen aus den verschiedenen Bereichen der VertriebsIntelligenz, speziell dem Bereich der Führung und Selbstführung. Und daher gibt es bei jedem Spitzensportler-Typus auch noch brachliegende Potenziale, die weiterentwickelt werden können. So wie jeder Spitzensportler ausgefeilte Trainingspläne hat, die seine Fitness erhalten und ihn noch besser machen, so gibt es auch Trainings- oder Entwicklungspläne für jede Führungskraft und jeden Top-Vertriebler.

Nun: In welchem der folgenden Sportler erkennen Sie sich wieder? Und die Top-Vertriebler Ihrer Mannschaft?

Der Marathon-Mann

Der Marathon-Mann will gewinnen – aber er weiß, dass dazu ein langer Atem notwendig ist. Darum läuft er nicht immer vorneweg – denn dann droht die Gefahr, bis zur Hälfte der Strecke zu führen, schließlich jedoch hoffnungslos zurückzufallen. Er läuft immer so schnell, wie es sein Trainingsrhythmus zulässt. Im Ziel weiß er: »Ich habe das Beste gegeben – und jetzt prüfe ich, wie ich mich noch verbessern kann.« Der Marathon-Mann bevorzugt die detaillierte Vorbereitung, denkt von Kilometer zu Kilometer, setzt sich Teilziele, entwirft Aktionspläne, teilt seine Kräfte klug ein, ohne jedoch das große Gesamtziel aus den Augen zu verlieren. Sein Kämpferherz hilft ihm, auch Durststrecken, während deren er am liebsten aufgeben möchte, durchzustehen.

Entwicklungspotenzial im Sinne der VertriebsIntelligenz:

- **Pläne entwickeln**
- **Konsequentes Einhalten der Pläne**
- **Ziele nicht aus den Augen verlieren**
- **Durststrecken hinnehmen lernen**

Der Boxer Der Boxer ist hart gegen sich selbst – und gegen andere. Dieser Typus weiß zwar auch, dass er das Team – die Betreuer – braucht, um Erfolg zu haben, aber letztendlich ist er davon überzeugt, es komme vor allem auf ihn allein an. Er kann mit Rückschlägen sehr gut umgehen, denn er weiß: Man muss nur immer wieder aufstehen – und zwar mindestens einmal mehr als der Gegner –, seine Strategie den Umständen anpassen und dann mit voller Kraft wieder nach vorne gehen. Sein Motto lautet: »Nichts ist unmöglich – auch wenn ich am Boden liege, kann ich noch gewinnen!«

Entwicklungspotenzial im Sinne der VertriebsIntelligenz:

- **Lernen, dass er sich helfen lassen darf**
- **Nehmerqualitäten entwickeln, ohne aufzugeben**
- **Siege antizipieren**

Der Mannschaftsradfahrer Als absoluter Teamplayer hat der Mannschaftsradfahrer keine Probleme damit, sich auch einmal ein-, ja sogar unterzuordnen; er muss nicht immer vorneweg fahren. Für ihn steht der Teamerfolg im Mittelpunkt, es kommt ihm darauf an, seinen Beitrag dazu zu leisten und dafür zu sorgen, dass alle Teammitglieder das Ziel erreichen. Ihm ist das Klima im Team wichtig – darum ist er stets umgänglich und konziliant, hat stets ein offenes Ohr für die Nöte der Kameraden.

Entwicklungspotenzial im Sinne der VertriebsIntelligenz:

- **Den Schwächsten im Auge behalten, keinen verlieren**
- **Teamleistung geht über Einzelleistung, doch Starke fordern**

Der Zehnkämpfer Der Zehnkämpfer sieht die Arbeit an seiner Persönlichkeit als langfristig angelegtes »Gesamt-Kunstwerk« und achtet darum auf die Ausbildung möglichst vieler Kompetenzen. Dabei weiß er, dass er seine Stärken stets stärken und an seinen Schwächen arbeiten muss, damit schlechtere Ergebnisse in der einen Disziplin durch exzellente in einer anderen noch besser ausgeglichen werden können.

Entwicklungspotenzial im Sinne der VertriebsIntelligenz:

- **Vielseitigkeit in Performance umsetzen können**
- **Konzentration auf sich kann egoman werden, daher Abgleich Fremdbild – Selbstbild, gegebenenfalls Demut entwickeln**
- **Kritikfähigkeit und Teamplayertum stärken**

Der Skifahrer

Er kombiniert persönliche Fitness mit exzellentem Material: Es kommt nicht nur auf ihn an, sondern ebenso auf die Perfektion seiner Ausrüstung, seiner Skier und äußerer Faktoren wie Wetterumstürze. Er ist sich der Abhängigkeit seiner Leistungsfähigkeit von Faktoren bewusst, die er nicht immer beeinflussen kann. Darum ist er bescheiden, manchmal demütig – aber stets zielorientiert.

Entwicklungspotenzial im Sinne der VertriebsIntelligenz:

- **Stratege: kombiniert Material (Produkte) mit Fähigkeiten**
- **Sehr körper- und lustfixiert, Disziplin vergrößern**
- **Fokus auf Mitarbeiter erweitern**

Natürlich gibt es in der Realität zahlreiche Mischformen. Kein Typ wird ganz in Reinkultur auftreten. Sicher werden Sie sich in einer der Beschreibungen am stärksten wiedererkannt haben – und denken gerade über sich nach. Gut! Denn die intensive Auseinandersetzung mit dem eigenen Persönlichkeitsprofil ist die Hauptarbeit bei der Errichtung der ersten der vier Ebenen der Führung.

Mit sich selbst im Reinen

Wann sprechen wir überhaupt von einer Persönlichkeit? In der Regel doch dann, wenn es einem Menschen gelungen ist, seine geistigen und charakterlichen Anlagen zu entfalten und in ein ausgewogenes Verhältnis zueinander zu bringen. Persönlichkeiten sind mit sich »im Reinen«, sie haben Klarheit über ihre Präferenzen und wissen, wie und warum sie in gegebenen Situationen mit hoher Wahrscheinlichkeit so und nicht anders handeln. Ihre Werte, ihre Handlungen und ihre Denkweise stimmen derart miteinander überein, dass es keine Widersprüche zwischen den entfalteten Anlagen gibt.

Seit der Antike beschäftigt sich der Mensch mit dem Erkennen der eigenen wie der fremden Persönlichkeit – und er wird es wohl auch in tausend Jahren noch tun. Der Grund für dieses unendliche Geschäft: Für den Weg zum erfolgreichen Selbst- und Persönlichkeitsmanagement gibt es keine Patentrezepte, wohl aber eine Fülle von Anregungen, Techniken und Methoden sowie einige Grundregeln – und die wichtigste fand sich in der Antike am Tempel des Apoll in Delphi wieder: *»Gnothi Seautón«: »Erkenne dich selbst«.* Selbstkenntnis und Selbsterkenntnis, als tägliche Übung, sollten der Anfang aller Führungsarbeit sein, die Basis für jedes sinnvolle Nachdenken über sich selbst und andere Menschen und die Grundlage für *Excellence in Leadership*. Und der zweite Schritt erfolgreichen Selbstmanagements manifestiert sich in dem Ausspruch: *»Werde, der du bist«.*

Ja sagen zu sich selbst

Selbst(er)kenntnis bildet die Grundlage der Selbstführung, denn wer sich selbst erkannt hat, weiß zum Beispiel,

- von welchen Werten sein Handeln geleitet wird,
- über welche Stärken er verfügt, die er durch konsequentes Stärkenmanagement noch weiter ausbauen muss,
- welche Potenziale in ihm brachliegen, die er zur Blüte und Entfaltung bringen sollte,
- wo sein »Engpassfaktor« liegt, also welche Potenziale er mittels Training, Seminaren oder Coaching bearbeiten muss,
- welche Einstellung er zu anderen Menschen und zu seinem Job hat,
- welcher Stresstyp er ist und wie er mit belastenden Situationen am besten umgeht,
- wie er mit notwendigen Veränderungen zurechtkommt,
- welcher Motivationstyp er ist.

Letztendlich bedeutet Selbst(er)kenntnis, Ja zu sagen zu sich selbst – und damit die Bereitschaft, Verantwortung für sich selbst, sein Handeln und Tun zu übernehmen. Erst wer den Kern dessen erkannt hat, was ihn zu dem Menschen macht, der er ist, der kann behutsam Entwicklungs- und Lernprozesse in Gang setzen, um die Bereiche zu bearbeiten, die *Excellence in Leadership* verhindern.

Selbst(er)kenntnis erlaubt Ihnen verantwortliches, selbstbestimmtes, zielorientiertes und bewusstes Handeln auf der Grundlage Ihrer Persönlichkeit. So tun Sie das, was Sie tun, überzeugt, authentisch und glaubwürdig. Wer sich selbst kennt, kann sich in so gut wie jeder Situation in den Zustand versetzen, der in einer gegebenen Situation am erfolgversprechendsten ist, und agieren, statt nur zu reagieren.

Die Führungspersönlichkeit als Vorbild

Als Führungspersönlichkeit verfügen Sie über einen wirkmächtigen Hebel, mit dem Sie das Verhalten Ihrer Mitarbeiter beeinflussen können – nämlich Ihr eigenes Verhalten; Verhaltensänderung ist durch Vorbildwirkung erreichbar. »Führen durch Vorbild« ist eine ebenso probate wie ethisch legitimierte und erfolgreiche Führungsmethode.

Ein Großteil des bereits angesprochenen Glaubwürdigkeitsproblems der Führungskräfte hat gewiss damit zu tun, dass zwischen geäußertem Wort und beobachtbarer Handlung oft Unterschiede existieren.

Kann man als Vorbild wirken, wenn man A sagt, aber B tut? Kann man als Vorbild wirken, wenn man von den Menschen Ehrlichkeit und Loyalität verlangt, aber selbst immer wieder sein Wort bricht und sich illoyal verhält? Kann der Vater von seinem Sohn verlangen, sich sinnvoll zu beschäftigen, wenn er selbst den Großteil des Abends vor dem Fernseher verbringt?

Menschen orientieren sich immer am beweisenden, handelnden Vorbild, statt sich dem zu widmen, was nur mit Worten gefordert wird!

Wie soll ein Mitarbeiter an die Erreichung von Unternehmenszielen glauben und sich tatkräftig dafür einsetzen, wenn die Führungskräfte selbst dazu nicht in der Lage sind? Welche Anstrengungen wird das Team unternehmen, um Leistungen zu erbringen, wenn die Führungskraft als Teamleiter selbst nicht mehr daran glaubt, diese Leistungen in seinem Verantwortungsbereich verwirklichen zu können? Wie kann sie von ihren Mitarbeitern verlangen, mit Freude und Begeisterung an einem Projekt zu arbeiten, wenn sie selbst es ohne Überzeugungskraft tut? Können Mitarbeiter in ihren Kundengesprächen in die Welt des Kunden eintauchen und ein kunden- und nutzenorientiertes Verkaufs- und Beratungsgespräch aufbauen, wenn ihr Vorgesetzter sich im Mitarbeitergespräch intolerant verhält, permanent unterbricht, verbale Rundumschläge zu seinen Lieblingsbeschäftigungen gehören und er dem Mitarbeiter überhaupt nicht zuhört? Und wenn der Chef nicht in der Lage ist, auch einmal einen Fehler zuzugeben – wie werden die Mitarbeiter dann mit Fehlern umgehen?

Fragen über Fragen, die eines verdeutlichen: Wer als Vorbild wirken möchte, muss voll und ganz hinter dem stehen, was er sagt und tut. Und damit sind wir bei der zweiten Ebene der Führung.

Mitarbeiterführung: Dialog von Mensch zu Mensch

Kommunizieren

Wer führen will, muss kommunizieren; Führen heißt kommunizieren. Das Wissen über Selbstführung und Selbstmanagement aktualisiert sich im Dialog mit dem Mitarbeiter.

»Mit dem Mitarbeiter sprechen – das kann doch wohl jeder«, werden Sie mir vielleicht entgegenhalten. Dann will ich Ihnen von einigen Umfrageergebnissen berichten: Eine Umfrage der Personalberatung *Studnitz & Partner* ergab: 71 Prozent von 1500 befragten Berufstätigen sind unzufrieden mit ihren Vorgesetzten, weil sie zu selten direkt ansprechbar sind und sich zu wenig Zeit nehmen, mit ihren Mitarbeitern zu kommunizieren. Und eine Studie des Online-Dienstes *Stepstone* kam zu dem erstaunlichen – und haarsträubenden – Ergebnis, dass nur knapp ein Drittel der Vorgesetzten in Deutschlands Unternehmen ein- bis zweimal im

Jahr Mitarbeitergespräche führen. In mehr als der Hälfte der Unternehmen sind sie überhaupt keine feste Einrichtung!

Eins jedoch funktioniert nicht, und zwar die Einstellung: »Es geht auch ohne Gespräche! Wir geben euch Ziele vor, setzt sie in den nächsten 12 Monaten um, im Jahresendgespräch schauen wir, ob es geklappt hat!« Doch dann ist es oft zu spät! Darum gehört die professionelle und intelligente Gesprächsführung zum Repertoire der vertriebsintelligenten Führungspersönlichkeit.

Der Leader als Überzeugungskraft

Kommunikationskompetenz bedeutet zunächst einmal die Kenntnis aller rhetorischen, phonetischen, mimischen, gestischen und schriftlichen Kommunikationsvarianten und die Fähigkeit, sie für die eigene Anwendung – die eigenen Mitarbeitergespräche – sinnvoll miteinander zu kombinieren und anzuwenden.

Kommunikationskompetenz darf nie um ihrer selbst willen, aus rhetorischem Selbstzweck angewendet werden, sondern muss auf der Grundlage des personalen Menschenbildes der Situation und dem Gesprächspartner angemessen sein. Nur so kann sich ein Dialog entwickeln, in dem Argumente ausgetauscht werden und in dem die Führungspersönlichkeit überzeugen will: der Leader als Überzeugungskraft.

Durch das Gespräch führen

Die Führungspersönlichkeit sieht im Gegenüber den gleichberechtigten Partner, den sie mit Hilfe der wertschätzenden Gesprächsführung durch das bessere Argument überzeugen will. Sie treibt zwar das Gespräch aktiv mit Hilfe der Gesprächstechniken voran – sie übernimmt durchaus die Gesprächsführung –, behält dabei aber immer die Position und die Bedürfnisse des Gesprächspartners im Auge. Ein guter Rapport, die Beziehungsebene, ist der Humus, auf dem das Gespräch gedeiht!

Gesprächsziele

Eine zielorientierte und erfolgreiche Gesprächsführung ist immer dann möglich, wenn Sie als Führungskraft sich über Ihre Gesprächsziele im Klaren sind. Darum sollten Sie für sich vor jedem Gespräch folgende Fragen beantworten:

- Weshalb führe ich dieses Gespräch?
- Welche Hauptziele, welche Nebenziele will ich erreichen?
- Welche Ergebnisse sollen durch das Gespräch erreicht werden?

Vorbereitung von Mitarbeitergesprächen

Ein Mitarbeitergespräch, das aus einem bestimmten Anlass durchgeführt wird, eine klare Zielsetzung und Gesprächsstrategie aufweist und punktgenaue Vereinbarungen anstrebt, will gut vorbereitet sein. Bei der Vorbereitung sind folgende Aspekte zu berücksichtigen:

- Das Gespräch findet in einer störungsfreien Atmosphäre statt. Dazu gehören die konkrete Festlegung des Termins und des Ortes. Telefonanrufe oder andere Störungen sind in dieser Zeit tabu.
- Verschaffen Sie sich vorab alle notwendigen Informationen über den Mitarbeiter und den Gesprächsanlass.
- Die genaue Festlegung der Gesprächsziele ermöglicht eine stringente Gesprächsführung und eine detaillierte Gesprächsauswertung.
- Hören Sie aktiv zu und nutzen Sie die verschiedenen Fragetechniken.
- Geben Sie dem Gespräch eine Struktur: Eröffnen Sie es stets mit einer Formulierung, die eine positive Atmosphäre schafft, nennen Sie den Gesprächsanlass.
- Sorgen Sie für einen Gesprächsabschluss, durch den der Mitarbeiter und Sie genau wissen, welche Schritte nach dem Gespräch einzuleiten sind. Dazu sollten Sie mit dem Mitarbeiter konkrete und zeitlich terminierte Vereinbarungen treffen – und deren Einhaltung kontrollieren.

Die wichtigsten Gesprächstechniken	
Gesprächstechnik	**Erläuterung**
Gesprächsvorbereitung • Organisatorische Vorbereitung: Gesprächspartner, -ort, -zeitpunkt; Störquellen vermeiden • Psychologische Vorbereitung: positive Gesprächsatmosphäre herstellen	• Einstellung zum Gesprächspartner und -gegenstand prüfen (Rapport beachten) • Gesprächsphasen beachten: Eröffnung, Anlass, Kerngespräch, Abschluss • Gesprächsziel festlegen • Alle relevanten Informationen bereithalten • Gewünschtes Gesprächsergebnis formulieren
Fragetechniken	Vor allem offene Fragen und Techniken einsetzen, die zum Dialog führen
Aktives Zuhören	Analytisches Zuhören: Verbalisieren, Paraphrasieren, Nachfragen
Logisches und richtiges Sprechen und Argumentieren	Klare und präzise Sprache; stringente Argumentation; Argumente und Aussagen als Strichaufzählung vorbereiten
Ich-Botschaften	Aussagen als Ich-Botschaften (Ich-Aussagen) formulieren, die die Meinung des Fragestellers zur Diskussion stellen

Wann ist ein Dialog ein Dialog?

Gespräche, in denen Sie Informationen weitergeben und Daten oder Fakten vermitteln wollen, können »direktiv« aufgebaut werden. In einem direktiven Gesprächsverlauf geht der Impuls eindeutig vom Sprecher aus – also von Ihnen –, der Gesprächsverlauf tendiert in Richtung eines Monologs. Wer immer selbst spricht, schafft Abhängigkeiten, erfährt und erreicht schließlich wenig! Wer hingegen fragt, schafft Unabhängigkeit, ermutigt zur Selbstbeantwortung und erfährt durch die Antworten, was notwendig ist – und oft noch viel mehr!

In den meisten Mitarbeitergesprächen jedoch wird es Ihnen darum gehen, einen Dialog aufzubauen, und in diesem Fall sollte Ihre Gesprächsführung »non-direktiv« sein. »Non-direktiver Dialog« heißt, dass Sie durch Fragen führen, auf die Äußerungen des Mitarbeiters eingehen und einen argumentativen Austausch gestatten. Sie wollen mit den folgenden Gesprächstypen nicht bloße Fakten vermitteln, sondern bestimmte unternehmensorientierte, meist in der Konsequenz umsatzrelevante Ziele erreichen:

Gesprächstypen

1. **Im *Zielvereinbarungsgespräch* legen Sie gemeinsam mit dem Mitarbeiter Ziele und Aktivitäten fest.**

Entscheidende Fragen sind: »Welche Ziele verfolgt der Mitarbeiter selbst?« und »Welche Möglichkeiten gibt es, ihn von den übergeordneten Zielsetzungen der Vertriebsabteilung und des Unternehmens zu überzeugen?«. Wichtig ist, dass die Ziele in Einklang gebracht werden können. Offenheit, Sachlichkeit und Sensibilität entscheiden über den Erfolg des Gesprächs, da dem Mitarbeiter nicht irgendwelche Ziele aufgezwungen, sondern gemeinsam Schritte zu seiner Weiterentwicklung durchgeführt werden sollen.

Vertriebsintelligente Verkaufsleiter verabreden mit dem Mitarbeiter konkrete Aktivitäten, die zur Zielerreichung führen, also z.B.: Was können Sie konkret tun, um den Umsatz um 10 % zu steigern? Was halten Sie zusätzlich von der Idee, dass …? Wie wollen wir also konkret verbleiben? Holen Sie schlussendlich das Commitment des Mitarbeiters zu den Zielvereinbarungen ein!

2. **Im *Motivationsgespräch* fördern Sie die Leistungsfreude Ihrer Mitarbeiter.**

Setzen Sie Anreize – die übrigens nicht immer finanzieller Art sein müssen. Ebenso bedeutsam sind Motivationsfaktoren wie

Anerkennung, Karrierechancen oder Selbstverwirklichung am Arbeitsplatz. Wichtig ist, die Motivationsstruktur des Mitarbeiters zu kennen, um dann Anreize zu schaffen, die ihn wirklich ansprechen. Die Motivationslandschaft ist bunt wie ein Kaleidoskop. Mit Incentives lassen sich bei einigen Menschen zwar hervorragende Motivationserfolge erreichen – die anderen jedoch werden von ausgeschriebener Südseereise, Luxusabenteuer und Wellnessspektakel nicht getriggert. Diese Mitarbeiter werden eher von der Übernahme größerer Verantwortung, von flexiblen Arbeitszeitmodellen, von individuellen Ausgestaltungsmöglichkeiten ihres Arbeitsplatzes, von Modellen zur Erhöhung ihrer Employability oder von höheren leistungsorientierten Honorierungsmodellen angesprochen.

Die Motivierten

Doch eins erweist sich immer: Die »wirklich Guten«, die intrinsisch – aus sich selbst – heraus Motivierten, sind sowieso immer »oben« mit dabei, unabhängig davon, ob es einen Blumentopf als Siegertrophäe gibt oder eben nicht. Sie gewinnen gern! Wenn Sie allerdings die individuellen Motivatoren (»Motivationsknöpfe«) jedes einzelnen Mitarbeiters kennen, können Sie auch einen individuellen Motivationscocktail mixen.

3. **Im *Motivationsgespräch* helfen Sie einem Mitarbeiter, sich aus seinem Demotivationsloch zu befreien.**

Indem Sie Ihren Gesprächspartner animieren, über seine Situation zu reflektieren, werden die Ursachen für die Demotivation ans Tageslicht befördert – und können ausgeräumt werden.

4. **Im *Beurteilungsgespräch* bewerten Sie erbrachte Leistungen.**

Auf der Basis der zuvor gemeinsam definierten Zielvereinbarungen und/oder Verhaltenskodizes wird die Leistung bewertet und dem Mitarbeiter gezeigt, wo er steht.

5. **Im *Qualifizierungsgespräch* geht es um Entwicklungspotenziale.**

Dabei gleichen Sie die Fähigkeiten und Entwicklungspotenziale des Mitarbeiters mit dem Anforderungsprofil seines Arbeitsplatzes ab und sprechen mit ihm Entwicklungsmaßnahmen ab, die helfen, Lücken zwischen Qualifikations- und Anforderungsprofil zu schließen, etwa: »Ihre Stärken in der Kundenberatung bauen wir noch weiter aus. Ihren Schwächen in der Organisation begegnen wir durch …«

6. Im *Kritikgespräch* kritisieren Sie produktiv, wenn ein Mitarbeiter sich nicht so verhält, wie es sein sollte.

Ich-Botschaften senden

Kritikgespräche sind immer im Kontext zu sehen: Am Anfang das Ende bedenken – also zu welchem Ergebnis Sie es führen wollen. Wichtig ist, das Gespräch rechtzeitig zu führen, bevor die Situation eskaliert. Da der Mitarbeiter Kritik stets auch als Angriff auf seine Person bewerten kann, selbst wenn objektiv kein Anlass dazu besteht, ist Ihr Fingerspitzengefühl gefragt. Kritisieren Sie sachlich und lassen Sie Tatsachen sprechen. Bereiten Sie sich daher gut vor, denn konkrete Fakten sind unerlässlich: Wer behauptet, hat die Beweislast! Keinesfalls dürfen Sie die Selbstachtung des Kritisierten verletzen und Ihre Machtposition als Vorgesetzter ausnutzen. Achten Sie daher darauf, »Ich-Botschaften« zu senden und verletzende »Du-Botschaften« zu unterlassen, wenn Sie Ihr Gegenüber wirklich erreichen, Einsicht und Kooperationswillen wecken wollen.

Eine »Du-Botschaft« stellt das Verhalten des Empfängers als allgemeines negatives Charaktermerkmal dar. Sie richtet sich also gegen die Person – und nicht gegen die kritisierte Sache oder Verhaltensweise. Wer sich aber als Person kritisiert fühlt, wird nicht seine Verhaltensweise verbessern.

Du-Botschaft	Ich-Botschaft
»Auf Sie kann man sich überhaupt nicht verlassen.«	»Ich würde mich gerne mehr auf Sie verlassen, aber ich habe das Gefühl, dass ich das zum jetzigen Zeitpunkt nicht kann.«
»Hören Sie mir endlich mal zu! Glauben Sie, Sie wissen es besser?«	»Es macht mich wütend, wenn Sie mich dauernd unterbrechen. Das vermittelt mir den Eindruck, dass Sie nicht interessiert sind an dem, was ich sage, oder dass Sie es nicht ernst nehmen.«

Versuchen Sie, problemorientiert vorzugehen – mit dem Ziel, das kritisierte Verhalten für die Zukunft auszuschließen. Gemeinsam mit dem Mitarbeiter sollen zukunftstaugliche Lösungen erarbeitet werden, die ihn unterstützen, seine Aufgaben besser zu erfüllen.

7. **Im *Konfliktlösungsgespräch* führen Sie Konflikte zwischen Einzelpersonen, zwischen einer Einzelperson und Personengruppen sowie zwischen Gruppen einer einvernehmlichen Lösung zu.**

Wenn Konflikte eskalieren

Zwischenmenschliche Konflikte stellen am Arbeitsplatz und im Unternehmen das größte Konfliktpotenzial dar – unterschiedliche Wahrnehmungen und Gefühle, Einstellungen und Verhaltensweisen, persönliche Ziele und Interessen der Konfliktbeteiligten verleihen jedem Konflikt ein einzigartiges Gepräge. So entstehen Beziehungskonflikte, Beurteilungs-, Rollen-, Verteilungs-, Kompetenz- und Zielkonflikte. Alle diese Konflikte können eskalieren und sich auf andere Unternehmensabteilungen übertragen, die mit dem Konflikt eigentlich nichts zu tun haben. Die Arbeitseffektivität des ganzen Unternehmens leidet dann – dies umso mehr, wenn Konflikte nicht offen aus- und angesprochen, sondern lieber »unter den Teppich« gekehrt werden. Dort entwickeln sie dann eine unheilvolle Eigendynamik. Positive Folgen können Konflikte jedoch immer dann haben, wenn Sie sie offen und rechtzeitig erkennen und ansprechen und mit allen Beteiligten eine Konfliktlösung erarbeiten.

8. Im *Anerkennungsgespräch* loben Sie dezidiert gute Leistungen Ihrer Mitarbeiter.

Viele Vorgesetzte geben ihren Mitarbeitern vor allem dann Rückmeldung, wenn etwas schief gegangen ist und nicht gut läuft. Oder gehören Sie zur wortkargen Sorte nach dem Motto: »Schweigen ist genug gelobt«?

Besser ist es, die Situationen herauszustellen, in denen etwas funktioniert hat, um dann mit anerkennenden Worten zu loben. Denn jeder Mensch braucht positive Bestätigung: Wenn ein Mitarbeiter eine zufrieden stellende Arbeit abgeschlossen hat, zeigen Sie ihm, dass Sie seine Leistung bemerkt haben. Gelegenheiten zum Loben gibt es genügend – eine Führungskraft muss sie nur wahrnehmen. Klug ist es, nicht einfach nur zu loben und anzuerkennen, sondern das Lob zu begründen.

Anerkennung braucht Öffentlichkeit, Kritik Vertraulichkeit

Erst die Begründung ist es, durch die der Mitarbeiter merkt, dass ein Lob ehrlich gemeint ist, weil es sich durch Fakten legitimieren lässt – und nicht einfach so dahingesagt ist: »Sagen Sie mal, lieber Herr Müller, wie haben Sie das geschafft?«, »Wie genau wurde das erreicht?«, »Wie ist Ihnen das gelungen?«. Das heißt: Der Vertriebsleiter fragt den Mitarbeiter, wie es ihm gelungen ist, einen Erfolg zu erreichen, und eröffnet ihm so die Möglichkeit, seinen Erfolg zu genießen, indem er ausführlich von ihm berichten darf.

Durch Lob und Anerkennung erarbeitet sich die Führungskraft das Recht zur Kritik – und nur so wirkt Kritik und wird sie auch als ernst gemeint, wichtig und richtig angenommen.

Führen mit Feedback

Allen Gesprächsarten ist eines gemeinsam: Sie geben Ihren Mitarbeitern Feedback, und zwar so, dass sie ihr Verhalten aus eigenem Willen und Antrieb und eigener Einsicht ändern. Das gilt vor allem für die »kritischen«

Gesprächsarten, also etwa das Kritik- oder das Konfliktlösungsgespräch.

Natürlich können Sie Ihren Leuten auch Ihre Ziele aufzwingen, ihnen befehlen, sie zu erreichen. Verhaltensveränderungen jedoch, die von außen angestoßen oder gar erzwungen werden, entfalten bei Weitem nicht die Wirkung, die entsteht, wenn sie vom Mitarbeiter aus eigener Einsicht initiiert werden. Denn grundsätzlich gilt: Wir können andere Menschen nicht ändern, nur uns selbst.

Die Kunst des Könnens liegt im Wollen. Ihr Mitarbeiter muss sich selbst davon überzeugen *wollen*, Ziele zu erreichen, motiviert und engagiert zu handeln, Kritik positiv zur Leistungsverbesserung zu nutzen. Damit dies gelingt, sollten Sie in Mitarbeitergesprächen niemals die Identitätsebene, sondern stets die Verhaltensebene ansprechen, also zum Beispiel nie die Person, sondern immer die Handlung kritisieren.

Entscheidend dabei ist wieder einmal Ihre Einstellung: Sie sollten innerlich davon überzeugt sein, dass es in der Verantwortung und Zuständigkeit des Mitarbeiters selbst liegt, seine Verhaltensweisen zu analysieren, zu überprüfen und zu ändern.

Teamführung ist Stimmungsmanagement

»Wer alleine arbeitet, addiert; wer zusammenarbeitet, multipliziert« – so eine orientalische Weisheit. *Bernd-Wolfgang Lubbers* schreibt in seinem Buch *TeamIntelligenz*, dass sich ein intelligentes Team dadurch auszeichnet, dass es zu besseren Ergebnissen gelangt, als es die Summe der Fähigkeiten seiner Mitglieder erwarten lässt.

Vertriebsintelligente Teamführung

Vertriebsintelligente Teamführung möchte ich als das Vermögen definieren, in einer sich ständig wandelnden Umgebung Strategien zu entwickeln, die es ermöglichen, Marktchancen zu erkennen und zu nutzen. Dabei liegt es in Ihrer Verantwortung, Teams so zusammenzustellen, dass sich die Kompetenzen der Teammitglieder optimal ergänzen. Es kommt darauf an, dass jedes Teammitglied Fähigkeiten in die Gruppe einbringt, die dem Team als Ganzem helfen, eine Herausforderung oder eine Aufgabe zu bewältigen. Sie selbst müssen sich nicht auf jedem Gebiet auskennen – aber in der Lage sein, ein Team von Experten um sich herum zu versammeln und dieses Team zu führen und zu motivieren. Ihre Aufgabe besteht darin, Menschen um sich zu scharen, die auf ihren jeweiligen Spezialgebieten »besser« sind als Sie selbst. Dazu müssen Sie auch Macht aus der Hand geben können und sich als generalistischer Mentor einer Spezialistentruppe verstehen.

In der Regel wird es Ihnen wohl leicht fallen, den Expertenstatus Ihrer Mitarbeiter zu beurteilen und so eine schlagkräftige Gruppe zusammenzustellen. Aber: Es kommt nicht nur darauf an, die jeweils besten Mitarbeiter im Team zu versammeln. Ein Pool an Experten führt nicht wie von selbst, quasi automatisch, zu Top-Ergebnissen. Wie Real Madrid und auch andere »Königsvereine« in der Vergangenheit bewiesen: Das Zusammenkaufen der besten Fußballer garantiert nicht automatisch auch das beste Team.

Wohl so gut wie jede Führungskraft wird die Erfahrung gemacht haben, dass sie die besten Experten zusammengetrommelt hat und das Team dann trotzdem nicht die erforderlichen Resultate zustande gebracht hat. Woran mag das liegen?

Überbewertete Fachkompetenz?!

Zum einen wird bei der Teambildung allzu häufig die Fachkompetenz in den Mittelpunkt gestellt. Wenn ein neues Produkt für den Markt entwickelt und am Markt durchgesetzt werden soll, genügt es eben nicht, den besten Verkäufer, den Top-Controller, den besten Produktentwickler, den Marketingstrategen und den Einkäufer im Team zu versammeln, um erfolgreich zu sein.

Neben der unbestreitbar notwendigen Fachkompetenz sollten die Teammitglieder über emotionale und soziale Kompetenzen verfügen, die es ihnen erlauben, zum

Beispiel andere Meinungen zu respektieren und in ihre eigene Entscheidungsfindung einzubeziehen.

Denn was nutzt Ihnen der beste Produktentwickler, wenn dieser nicht willens ist, die Wünsche und Bedenken des Verkäufers zu berücksichtigen, der das Produkt schließlich vor Ort und beim Kunden präsentieren und verkaufen soll? Oder die Erwartungen des Marketingexperten, der das Produkt frühzeitig mit Hilfe der entsprechenden Marketing- und Werbemaßnahmen bekannt machen möchte und darum auf kürzere Entwicklungszeiten drängt?

Der zweitbeste Experte

Um die Sache auf den Punkt zu bringen: Manchmal ist es besser, den zweitbesten Marketingexperten ins Team holen. Nämlich dann, wenn dieser über die emotionale und soziale Kompetenz verfügt, im Sinne der Entwicklung des Gesamtteams und der *Bewältigung der gemeinsamen Teamarbeit* auch andere Ansichten als die eigene zu diskutieren. Der teuer eingekaufte Experte hingegen, der unnachgiebig auf seiner Meinung beharrt und nicht imstande ist, über den Tellerrand der persönlichen, standpunktverhafteten Fachkompetenz hinauszublicken, trägt zur Entwicklung des Teams nicht viel bei.

Im Übrigen ist der Außendienst eine geeignete »Marktforschungsabteilung«, die gemeinsam mit der Produktentwicklung, dem Marketing und der Geschäftsführung die Strategie und die Umsetzungspläne diskutieren und in die Prozesse involviert werden sollte. Nur wird das in den meisten Fällen, oft aus Eitelkeit, Unverständnis oder Neid, nicht getan – leider und zum Schlechten der Unternehmen.

Zustände im Team managen

Eine Expertenrunde, in der »miese Stimmung« herrscht, ein Team, in dem die Mitglieder Desinteresse an der Aufgabe an den Tag legen und für die Kollegen nichts anderes übrig haben als Abneigung oder gar Verachtung, wird niemals zu außergewöhnlichen Resultaten gelangen. Ist die Stimmung im Keller, können auch die besten Spezialisten auf ihrem jeweiligen Fachgebiet keine exzellenten Leistungen erbringen. Haben Sie erst einmal ein schlagkräftiges Team zusammengestellt, besteht Ihre nächste Herausforderung darin, im Team eine leistungsfördernde Atmosphäre herzustellen.

Stimmung und Leistung

Denn es gibt einen Zusammenhang zwischen Stimmung und Leistung: Desinteressierte Teammitglieder kündigen dem Team innerlich, sagen den Kollegen und Ihnen die Gefolgschaft auf. Motivierte Teams hingegen, in denen eine euphorische Stimmung herrscht, die aus der gemeinsamen Freude resultiert, im Team eine Herausforderung zu bestehen, zeichnen sich durch motivierte Teammitglieder aus, die von einer Welle höchster Begeisterung zu Spitzenleistungen getragen werden.

Ich erinnere nur an die Vizeweltmeisterschaft unserer Fußballer im Jahr 2002, als eine eher durchschnittliche Mannschaft bis ins Finale vordrang, weil das Team eben nicht aus lauter Einzelkönnern bestand, sondern eine verschworene Gemeinschaft die Schwächen mit Teamgeist und dem Willen, dass sich jeder für den anderen einsetzt, kompensierte. *Otto Rehagel* machte nach der gewonnenen Europameisterschaft mit dem Nationalteam der Griechen im Interview dazu auf die besondere emotionale Kompetenz seines Teams aufmerksam und fasste zusammen: *»Als ich hierher kam, machte jeder, was er wollte. Jetzt macht jeder, was er kann!«*

Und bei sportlichen Großveranstaltungen – wie etwa den Olympischen Winter- oder Sommerspielen – hoffen die Verantwortlichen, einer der Sportler möge möglichst rasch eine Medaille gewinnen. Denn das ist gut für die Stimmung und motiviert die anderen Sportler, ebenfalls über ihre Leistungsgrenze hinauszugehen: Das Team leistet dann mehr, als die Summe der Kompetenzen der einzelnen Mitglieder vermuten lässt.

Stimmung und Leistung: Je besser die Stimmung, umso höher die Leistung		
Stufe	**Stimmung**	**Leistungsfähigkeit**
9	Euphorie, Überschwang	Außergewöhnliche Einsatzbereitschaft, höchste Kreativität
8	Begeisterung, Engagement	Hohe Einsatzbereitschaft, gute Kreativität
7	Starkes Interesse, Aufgeschlossenheit	Überdurchschnittliche Anstrengungen, gelegentlich neue Ideen
6	Geringes Interesse, Gleichgültigkeit	Durchschnittliche Routineleistungen, keine neuen Ideen
5	Kritiksucht	Zeitvergeudung, Kreativitätsbremse
4	Unterdrückter Groll, versteckte Feindseligkeit	Innere Kündigung, geheimer Leistungsboykott
3	Offene Aggressivität	Destruktive Leistung, potenzieller Unruheherd
2	Resignation, Frustration	Fehlleistungen, Reklamationszunahme
1	Völliges Abschalten, totales Desinteresse	Verweigern jeglicher Leistung, hohe Krankenstände

Quelle: DVVA

Wertschätzung

Bleibt die Frage: Wie gelingt es Ihnen, in Ihrer Vertriebsmannschaft gute Zustände und im Idealfall eine überschwängliche Stimmung herzustellen? Basis dieses Handelns ist, so simpel es klingt, echte gegenseitige Wertschätzung. Ein vertriebsintelligenter wichtiger Wert, der derart in Vergessenheit geraten ist, dass Unternehmen ihn wieder antrainieren! Wie beispielsweise im erfolgreichen Wertschätzungsprojekt im Motorenwerk Köln der *Ford-Werke GmbH* – das würde allerdings so mancher Vertriebsmannschaft oder der Zusammenarbeit zwischen Produktion, Marketing und Vertrieb gut tun!

Jedes Team hat – als Versammlung einzigartiger Individuen – seine individuellen Motivationsknöpfe, die es zu erkennen und zu unterstützen gilt.

Und darum lautet die schlechte Nachricht: Es gibt keinen Standardweg und keine Standardlösung, um ein Team auf die Stufe 9 des Stimmungsbarometers zu entwickeln. Aber – und dies die gute Nachricht – es gibt einige Aspekte, die in so gut wie jedem exzellenten Team zu beobachten sind; wer sie beachtet, erhöht zumindest die Wahrscheinlichkeit, den Stimmungsgipfel zu erklimmen.

Selbst engagiert sein

Einige dieser Aspekte habe ich bereits genannt – so etwa Ihre Vorbildwirkung: Sie selbst müssen sich in einem engagierten und motivierten Zustand befinden, also Ihr Selbstmanagement entwickeln: *»In dir muss brennen, was du in anderen entzünden willst«.* Hinzu kommt der mitarbeiter- und dialogorientierte Gesprächsstil, der es Ihnen ermöglicht, Ihre Mitarbeiter ihren Stärken gemäß einzusetzen. Wenn Sie jedem Teammitglied die Rolle im Team zuordnen, in der es seine Potenziale entfalten und seine Stärken und Fähigkeiten einbringen kann, wird der Mitarbeiter es Ihnen mit Engagement und Einsatzbereitschaft danken.

Gewiss gehört auch eine leistungsbezogene und ehrliche Bezahlung dazu. Mein Geschäftsfreund, der Unternehmer, Hotelier und Motivationstrainer *Klaus Kobjoll,* hat einmal gesagt: *»Wer mit Nüssen bezahlt, muss Affen beschäftigen.«*

Letztendlich aber motiviert nichts so sehr wie der Erfolg. Und darum gehören Führungstechniken wie Lob und Anerkennung zu den wirkungsmächtigen Instrumenten auch der effektiven Teamführung. Nehmen Sie dazu einmal kurz eine andere Perspektive ein: Wann haben Sie Ihre Mitarbeiter das letzte Mal bei guten Taten »ertappt«, um einen Anlass zu finden, sie zu loben?

High-Performance-Teams folgen bestimmten Regeln

In meiner langjährigen Tätigkeit in der Führung und Begleitung von Vertriebsteams habe ich zudem festgestellt, dass sich die (gute) Stimmung in hoch performenden, exzellenten Teams auf die folgenden Punkte zurückführen lässt:

Die Regeln

- *Leitstern Vision:* Das Team wird von einer gemeinsamen Vision getragen. Wer weiß, für welche übergeordneten Ziele er einen Beitrag in seinem überschaubaren Bereich leistet, findet Sinn in seiner Arbeit und setzt sich für die Zielerreichung ein.

- *Mit Zielen führen:* Ziele klären, präzisieren und realisieren ist eine der Hauptaufgaben der Führungspersönlichkeit, die für gute Stimmung und hohe Arbeitsproduktivität im Team sorgen will. Die strategischen Ziele des Unternehmens müssen in die einzelnen konkreten Arbeitsbereiche transformiert und verständlich gemacht werden. In den Zielbeschreibungen jedes einzelnen Verkäufers und Teammitglieds müssen sich die Unternehmensziele spiegeln. Partizipation und Identifikation der Mitarbeiter kann nur erwarten, wer Ziele offen kommuniziert, sich von den Mitarbeitern das »Ja-Wort« zu den Zielen einholt, Vertrauen weckt, Verantwortung teilt und permanent das Gespräch und den dialogischen Austausch sucht und anbietet.

- *Offene Informationskanäle:* Jedes Teammitglied muss jederzeit über alle Informationen verfügen, die die Teamarbeit betreffen – nicht nur den eigenen Tätigkeitsbereich. Informationen sind kein Herrschaftswissen, schon gar nicht mehr im Zeitalter des Internets: Die umfassende Information der Teammitglieder gehört zu Ihren Aufgaben.

- *Harmoniestreben und Konfliktbereitschaft in Balance:* Das Team will Harmonie, aber nicht um den Preis der Konfliktverdrängung und einer trügerischen Friedhofsruhe. Konflikte und Streitigkeiten werden nicht unter den Teppich gekehrt, sondern offen ausgefochten. Leitmotiv dabei: Produktive Konfliktbewältigung trägt zur Teamentwicklung bei, und alles, was das Team voranbringt, ist gut! Gestritten wird nicht darum, wer Recht hat, sondern um die beste Problemlösung: Gemeinschaftsgeist schlägt Einzelgängertum.

- *Offen für neue Ideen:* Die Teammitglieder haben die Möglichkeit, bei der Problemlösung der Fantasie freien Lauf zu lassen. Probleme werden als zu lösende Aufgaben und Herausforderungen definiert.

- *Teaminteressen gehen vor:* Für jeden im Team steht die Antwort auf die folgende Frage im Vordergrund: »Was kann ich für das Team und die optimale Bearbeitung der Teamaufgabe tun?«

- *Natürliche Aggression:* Gibt es ausreichend aggressives, manchmal auch zerstörerisches Potenzial in der Mannschaft? Diese Aggression ist für die weitere Entwicklung notwendig, Teams brauchen eine Portion Kraft für schöpferische, kreative Zerstörung.

- *Erfolge feiern:* Wenn Teilziele erreicht worden sind, darf und muss gefeiert werden! Ein gemeinsamer Ausflug, eine Anerkennung für alle, eine Auszeichnung, z.B. »Team des Monats« – hier ist Ihre Kreativität gefragt. Das gemeinsame Erlebnis schweißt weiter zusammen.

Leader schaffen Rahmenbedingungen

Erfolgreiche Vertriebsorganisationen und Unternehmen haben in der Regel eines gemeinsam: Sie verlassen herkömmliche Denkbahnen, sind offen für neue Denkweisen und produzieren innovative Ideen am laufenden Band. Es herrscht eine Atmosphäre voller Spaß und Freude an der Entdeckung des Unbekannten. Die Aufgabe der Geschäftsführung und Vertriebsführungskräfte besteht darin, ihren Verkäufern den Spielraum zu eröffnen, ihre

Kreativität zu entfesseln, ja, sie fördern diese, indem sie die entsprechenden Rahmenbedingungen schaffen und in Workshops, in Teamsitzungen und Mitarbeitergesprächen immer wieder fragen: »Bist du willens, bekannte Dinge ins Ungewöhnliche zu verfremden, ja, zu zerstören, also die Trampelpfade, auf denen sich alle aufhalten, zu verlassen und dich auf die Seitenpfade zu begeben? Denn dort bist du ungestört und wirst umfangreiches Material für kreative Ideen finden, wie du neue Kunden gewinnst und Stammkunden noch enger an das Unternehmen bindest!« Das heißt: Sie sorgen als Leader für die Rahmenbedingungen, die Höchstleistungen im Team über das Vehikel »gute Stimmung« erst ermöglichen. Dabei wissen Sie: Teams machen Entwicklungen durch, sie erleben Höhen und Tiefen. Tiefen werden als notwendige Übergangsstadien zu neuen Stimmungshochs verstanden. Jedes Teammitglied weiß: »Wir müssen jeden Tag überlegen, wie wir noch besser werden können!« Leben Sie diese Haltung Ihren Mitarbeitern vor.

Die gewohnten Pfade verlassen

5. Unternehmensführung: der Blick für das »große Ganze«

Selbstführung, Mitarbeiterführung, Teamführung: Führung findet stets in einem organisatorischen Umfeld statt. Im Bereich der vierten und umfassendsten Führungsebene arbeiten Sie als Führungspersönlichkeit strategisch nach außen und organisieren die Kernkompetenzen Ihrer Mitarbeiter und Ihrer Abteilung für den Unternehmenserfolg. Das heißt: Während bei den ersten drei Ebenen Ihr Fokus auf sich selbst, Ihre Mitarbeiter – einzeln oder im Team – gerichtet ist, weiten Sie nun Ihren Blickwinkel. Sie fassen das »große Ganze« ins Auge und reflektieren, welche Auswirkungen und Konsequenzen Ihre Selbstführung, Ihre Mitarbeiterführung und Ihre Teamführung für den Gesamterfolg des Unternehmens haben.

Multiperspektivisch und mehrdimensional denken

Hier zeigt sich, ob Sie lediglich bereit sind, für sich und Ihre Mitarbeiter Verantwortung zu übernehmen – oder ob Sie in der Lage sind, multiperspektivisch und mehrdimensional zu denken und zu handeln und zugleich für die Entwicklung und Entfaltung der Potenziale des gesamten Unternehmens die Verantwortung zu tragen.

Rechenbare Parameter guter Unternehmensführung

Erhöhung der Produktivität

Wertschöpfung, also die Summe der Umsätze abzüglich der zugekauften Dienstleistungen, steht letztlich im Zentrum Ihrer Bemühungen. Erhöhung der Produktivität heißt ein Weg dahin:

- Arbeitsproduktivität = Wertschöpfung / Lohnsumme
- Kapitalproduktivität = Wertschöpfung / Kapitaleinsatz
- Zeitproduktivität = Wertschöpfung / Zeiteinheiten
- Wissensproduktivität = Wertschöpfung / Ausbildungsniveau aller Mitarbeiter

Wertschöpfung ist ein Faktor unternehmerischer Führungskompetenz; Liquidität, Ertrag und Cashflow heißen die weiteren finanzwirtschaftlichen Kennfaktoren. Zusätzlich: Innovationsleistung, Aus- und Weiterbildung (Entwicklungsmöglichkeiten der Mitarbeiter und Führungskräfte) sowie der Attraktionssog für die besten neuen Mitarbeiter, den Sie kreieren können.

Strategischer Weitblick eröffnet Perspektiven

Unternehmensführung heißt, die Kernkompetenzen des Unternehmens zu analysieren und zu entwickeln, auf- und auszubauen, um daraus strategische Wettbewerbsvorteile zu generieren, die die Wettbewerbsfähigkeit des Unternehmens gewährleisten.

Aus der Analyse der Kernkompetenzen leitet sich unmittelbar die Marktpositionierung ab – und damit die Marktstrategie, die Ihnen hilft, sich am Markt als einmaliger Problemlöser Ihrer Kunden zu positionieren.

Im vierten Teil gehe ich ausführlich auf das Thema »Marktstrategien und Positionierung« ein; hier beschränke ich mich auf die wichtigste Kernkompetenz, über die Sie im Bereich der vierten Ebene verfügen sollten: den strategischen Weitblick.

Weitblick statt Kurzatmigkeit

Michael Otto vom *Otto-Versand* hat in einem *Spiegel*-Interview gesagt: »*Früher haben wir immer über die Amerikaner gelächelt und gesagt: Die schauen nur von Quartal zu Quartal und bewerten weniger die langfristige Entwicklung. Genau an dieser Kurzatmigkeit leiden wir inzwischen auch, und das ist eine große Gefahr.*«

Was Sie jetzt in der Zeit der Krise mehr benötigen denn je, ist der Mut, Ihr Unternehmensschiff mit strategischem Weitblick zu steuern. Langfristige Strategieentwicklung ist unentbehrlich für intelligente Unternehmensführung, denn nur sie ist es, mit der Sie zukunftsfähige Kerngeschäftsfelder erkennen und aufbauen, Markttrends frühzeitig aufspüren, Ihre Innovationsfähigkeit aufrechterhalten und die Rahmenbedingungen für Ihr Unternehmen so gestalten können, dass das stetige Wachstum Ihrer Umsatz-Maschine gesichert ist.

Höher springen, um weiter zu sehen

Eine strategische Denkhaltung erlaubt es, in der Zukunft liegende Ereignisse und Entwicklungen einschätzen, prognostizieren zu können. Wer wüsste nicht gern, was die Zukunft bringt, welche Erwartungen die Kunden morgen und übermorgen an Produkte und Dienstleistungen stellen, welche neuen Gesetze und staatlichen Richtlinien das Konsumentenverhalten beeinflussen werden – um darauf seine Unternehmensführung aufzubauen. Jede Prognose trifft Annahmen über das mögliche Verhalten von Unternehmen, Politikern und Kunden, über das Verhalten des Umfeldes, in dem sich ein Unternehmen bewegt. Doch leider – oder vielmehr: Gott sei Dank! – erweist sich bei all diesen Gedankenspielen der Faktor »Mensch« als äußerst unzuverlässig und größter Unsicherheitsfaktor, der selbst die ausgefeilteste statistische Absicherung des Blickes in die Zukunft ad absurdum führt. Die prinzipielle Unsicherheit und Unvorhersagbarkeit aller menschlichen Entscheidungen, die in die Zukunft gerichtet sind, sollte aber nicht dazu führen, sich überhaupt keine Gedanken mehr über die Zukunft zu machen. Denn es ist durchaus möglich, sich eine bestimmte Denkhaltung zu erarbeiten, mit deren Hilfe Sie mutig und flexibel auf Prognosen basierende Entscheidungen treffen können.

Rüdiger H. Jung und *Meinolf Kleine* schreiben dazu in ihrem Buch *Management* (S. 265f.): »*Um den Intentionen betrieblicher Strukturen zu genügen, ist eine bestimmte Denkhaltung und Einstellung erforderlich, ohne welche die Strategien erfolglos blieben. Strategisches Denken ist vor allem Richtungsdenken und Konzentration im Hinblick auf Sachverhalte außerhalb des eigenen Führungs- und Einflussbereiches sowie auf die oft schwer einzugrenzenden übergeordneten Ziele des Betriebes. Strategisches Denken ist aber auch Ganzheitsdenken, indem bei der Strategieentwicklung und Strategieverfolgung der Betrieb in ganzheitlicher Sicht thematisiert werden muss.*«

Die strategischen Fragen zur Führung

Strategischer Weitblick und Richtungsdenken konkretisieren sich immer anhand folgender Fragen – die Sie deshalb auf der Agenda Ihrer Unternehmensführung ganz oben ansiedeln sollten:

- **Stimmt unsere strategische Ausrichtung noch?**
- **Ist angesichts der derzeitigen Situation eine Anpassung oder gar Änderung der Strategie notwendig?**
- **Sind wir in die derzeitige bedrohliche Lage gekommen, weil uns eine langfristige Strategieausrichtung fehlt?**
- **Wie können wir uns – außerhalb des Preises – vom Wettbewerb differenzieren?**
- **Wie können wir diese Unterscheidungsmerkmale kommunizieren, so dass sie vom Kunden auch wahrgenommen werden?**

Wichtiger, als die Wege richtig zu gehen, ist es, die richtigen Wege zu gehen!

Inside out … oder outside in?

Rüstzeug des strategischen Weitblicks ist die kontinuierliche Marktbeobachtung mit Hilfe der externen und internen Unternehmensanalyse. Die externe Unternehmensanalyse mit ihren Analysefeldern Umwelt-, Branchen-, Konkurrenz- und Kundenanalyse erlaubt eine Strategieentwicklung »Outside–Inside«.

Günter Ederer und *Lothar J. Seiwert (Der Kunde ist König, S. 141)* drücken dies so aus: *»Die Strategielehre von den externen Markt- und Wettbewerbschancen schlägt ein Vorgehen von außen nach innen vor, um Wettbewerbsvorteile zu schaffen und aufrechtzuerhalten.«* Diese Strategieausrichtung ist auf den externen Marktchancen aufgebaut. Das Unternehmen, seine Führungskräfte und Mitarbeiter orientieren sich am Markt, an den Chancen und Möglichkeiten, an den Risiken und Gefahren, die das äußere Umfeld bietet.

Augenmerk auf Kernkompetenzen

Die interne Unternehmensanalyse hingegen führt zu einer Strategieentwicklung, die ressourcenbasiert vorgeht. Durch die »Inside-outside«-Orientierung wird das Hauptaugenmerk auf die *Kernfähigkeiten und Kernschwächen*, auf die *positiven und negativen Erfolgsfaktoren* eines Unternehmens gerichtet. Sie sind es, die im Mittelpunkt der internen Analyse stehen. Die Strategieentwicklung führt mithin zu einer Ausrichtung von innen nach außen; die strategische Ausrichtung eines Unternehmens baut auf den internen Ressourcen auf.

Bei Ihrer Strategieentwicklung sollten Sie die zwei Ausrichtungen miteinander kombinieren: *»Ein Unternehmen sollte weder einseitig auf internen Ressourcen oder Kompetenzen aufgebaut sein noch ausschließlich auf externe Marktchancen fixiert sein. Falls hervorragende Marktaussichten bestehen, jedoch keine internen Kernkompetenzen entwickelt bzw. genutzt werden können – oder umgekehrt interne Ressourcen ohne Marktbezug aufgebaut werden, wird das Unternehmen immer scheitern«*, argumentieren *Günter Ederer* und *Lothar J. Seiwert*. Und es ist diese Zweidimensionalität der Unternehmensanalyse, die zur Entwicklung des strategischen Weitblicks führt. Sie liefert Ihnen das »Material«, um rechtzeitig sich ändernde Rahmenbedingungen in Ihrem Umfeld zu erkennen und Ihre Unternehmensführung und vor allem Ihre unternehmerischen Zielsetzungen darauf abzustimmen.

Welcher Strategietyp sind Sie?

Die *Dresdner Bank* hat gemeinsam mit der Zeitschrift *Impulse* in der Studie *MIND (= Mittelstand in Deutschland)* sechs Unternehmertypen charakterisiert, wobei Alleininhaber und geschäftsführende Gesellschafter als »Unternehmer« gelten. Zu jedem der Unternehmertypen haben die Verfasser der Studie eine Einschätzung des unternehmerischen Handelns vorgenommen und ein Psychogramm entworfen, in dem sie zum Beispiel darstellen, wie kreativ der Unternehmertyp ist und welche Einstellung er zu Visionen und Traditionen hat. Jeder Typ hat seine Stärken und Schwächen. Das Psychogramm erlaubt auch Rückschlüsse auf den Umgang des Unternehmertypus mit Strategien und der strategischen Entwicklung seines Unternehmens. Das heißt: Wenn Sie sich einem Typ zuordnen, erhalten Sie ersten Aufschluss über Ihre strategische Grundausrichtung – und über die Bereiche, die Sie verbessern müssen, um Ihren strategischen Weitblick zu schärfen:

Das Morgen bestimmt das Heute

- *Der Kreative* passt sich flexibel den Märkten an, fühlt sich an keine bestimmte Branche gebunden und ist der Meinung, dass das Morgen das Handeln von heute bestimmt. Er denkt und plant immer in die Zukunft gerichtet. Zum Kreativen gehören nach der Studie 28,2 Prozent der Unternehmer. Der kreative Unternehmer ist oft ein Gegner des strategischen Handelns, weil er das Risiko liebt und meint, eine allzu langfristig angelegte Strategie behindere seinen Entfaltungsdrang. Er läuft daher Gefahr, den permanenten Strategiewechsel zur Strategie zu erheben. *Tipp*: Arbeiten Sie daran, auch langfristige Entwicklungen zu beachten und an einer einmal gefassten Strategie über einen längeren Zeitraum hinweg festzuhalten.

Im Hier und Jetzt

- *Der Aufbauer* (26,9 Prozent) drängt nach vorne und verliert dabei nie das Machbare im Hier und Jetzt aus den Augen. Er ist wagemutig und gestaltungsbereit, aber es ist die Gegenwart, nicht die Zukunft, die den Orientierungsrahmen für sein unternehmerisches Denken und Handeln bildet. Der Aufbauer vernachlässigt oft Bereiche wie Finanzen, Einkauf und Verwaltung. *Tipp*: Behalten Sie auch zukünftige Entwicklungen im Auge und beachten Sie die Bedeutung von Tagesroutinen – auch wenn sie Ihnen lästig sind.

- Der *Vorsichtige* (23 Prozent) agiert zurückhaltend und überlegt. Er will zwar vorankommen, aber das Erreichte festhalten und nicht gefährden. Der vorsichtige Unternehmer geht defensiv vor und betritt Neuland nur, wenn der Erfolg gesichert ist. *Tipp*: Ergreifen Sie Chancen, die sich Ihnen bieten, und nutzen Sie Wachstumsmöglichkeiten.

Keine Experimente

- Der *Konservator* (8 Prozent) will das Erreichte bewahren und wagt es selten, Neues zu beginnen. Noch mehr als der Vorsichtige ist er wertkonservativ und der Meinung, eigentlich ausgelernt zu haben. Er lässt lieber eine Chance links liegen, als sich auf neues Terrain zu begeben. Der Konservator leidet unter Visionsarmut und ist häufig beratungsresistent. *Tipp*: Springen Sie über Ihren Schatten und versuchen Sie eine Vision zu entwickeln, die Ihrem Unternehmen neue Wege weist.

- Der *Unterlasser* (7,2 Prozent) tut unternehmerisch nur das, was unbedingt notwendig ist. Seine »Strategie« reduziert sich darauf, sich nur um das zu bemühen, was gerade aktuell erforderlich ist. Er verabscheut jede Änderung und entwickelt kaum Zukunftsperspektiven. *Tipp:* Sie müssen unbedingt die Fähigkeit zum unternehmerischen Denken entwickeln. Holen Sie sich dazu externe Unterstützung ins Haus.

Zu viele Experimente

- Der *Tausendsassa* (6,6 Prozent) ist von sich selbst sehr überzeugt und traut sich unternehmerisch so gut wie alles zu. »Unternehmerischer Erfolg ist immer Glückssache« – so seine Überzeugung. *Tipp*: Unternehmerischer und strategischer Weitblick sind für Sie Fremdwörter. Bremsen Sie Ihr Ungestüm und zwingen Sie sich, in Ihr unternehmerisches Handeln auch langfristige Überlegungen einzubauen.

Die Führungspersönlichkeit als Strategie-Coach

Vielleicht ist es auch bei Ihnen so: Die Angst vor Veränderungen aufseiten Ihrer Mitarbeiter führt oft dazu, dass sie gegen die »neue« Strategie Widerstand leisten. Zu Ihren Hauptaufgaben gehört es daher, allen Mitarbeitern den Sinn und Zweck einer Strategie zu kommunizieren und sie für die Strategieumsetzung zu begeistern. Bei der Frage, wann die Strategieumsetzung erfolgen sollte, sind nicht nur die Marktbedingungen zu beachten – es gibt auch einen psychologisch richtigen Zeitpunkt. *Thomas Zwick* vom *Zentrum für Europäische Wirtschaftsforschung (ZEW)* hat in einer Analyse festgestellt: Mitarbeiter sperren sich gegen Veränderungen und Strategiewechsel vor allem in Krisenzeiten. Wenn es dem Unternehmen hingegen gut geht, seien die Mitarbeiter eher bereit, Veränderungen und eine neue strategische Ausrichtung zu akzeptieren und mitzugestalten.

Darum gilt: Unternehmer, die in »guten Zeiten« überlegen und entscheiden, ob die Strategie geändert und wechselnden Rahmenbedingungen angepasst werden muss, stellen ihre Fähigkeit zum vorausschauenden Denken unter Beweis – die Grundvoraussetzung strategischen Weitblicks. Gerade dieser paradox anmutende Ansatz zeichnet erfolgreiche Unternehmer aus: Nichts ist trügerischer als der Erfolg, denn er macht gefällig, er macht träge und nachlässig. Darum ent-scheiden diese Unternehmer, (sich) neu zu erfinden. Sich bewusst manchmal von Bewährtem zu verabschieden: um letztlich auch in der Zukunft erfolgreich zu bleiben!

Ihr Unternehmen als strategische Denkfabrik

Es genügt nicht, wenn Sie – als Unternehmer oder Führungskraft – zu strategischem, visionär-kreativem Denken in der Lage sind. Wie wäre es, wenn Ihre Mitstreiter, die Mitarbeiter, ebenfalls dazu fähig wären?

Der unternehmerische Wandel vollzieht sich heute nicht mehr sukzessive, sondern explosionsartig. Je mehr Ihre Mitarbeiter durch Strategiearbeit in den Prozess der Bewältigung des explosionsartigen Wandels integriert sind, desto besser.

Sie sollten daher versuchen, diese Fähigkeiten in Ihrem Unternehmen oder in Ihrer Abteilung zu fördern. So haben Ihre Mitarbeiter gewiss Zugang zu Erfahrungswissen, über das Sie selbst vielleicht nicht verfügen. Ein Verkäufer, der tagtäglich am *Point of Sales* mit Kunden in Berührung kommt, mit ihnen kommuniziert, Probleme bespricht und löst, nimmt zu unternehmerischen Herausforderungen eine ganz andere Perspektive ein als eine Führungskraft. Indem Sie Mitarbeiter in Meetings, Konferenzen und speziellen Workshops auffordern, ihr Erfahrungswissen in die unternehmerischen Prozesse einzubringen, fördern Sie zugleich ihr unternehmerisches Denken. Und wer hätte nicht gerne Mitarbeiter, die dazu in der Lage sind.

In jedem steckt ein Stratege

Jeder Ihrer Mitarbeiter lebt in einem privaten Umfeld: Dort ist er Konsument und Kunde und sammelt Erfahrungen, die für Ihr Unternehmen, das am Markt kundenorientiert vorgehen möchte und muss, von Bedeutung sein könnten. Zudem geht er in seiner Freizeit einem Hobby oder auch einer ehrenamtlichen Tätigkeit nach, die in einem gewissen – wenn auch kleineren – Rahmen strategisches Denken und Handeln voraussetzt. Wer als Vorsitzender des Fußballvereins eine Sportwoche organisiert oder als Mitglied der schulischen Elternpflegschaft als »Beziehungsmanager« zwischen Lehrern, Eltern und Schülern vermittelt, entwickelt strategische Fähigkeiten, die Sie sich nutzbar machen können.

Also: Veranstalten Sie mit und für Ihre Mitarbeiter Strategie-Meetings, bauen Sie Strategie-Projektteams auf und richten Sie strategische Diskussionsforen ein. Oder etablieren Sie ein Strategie-Vorschlagswesen: Reformieren Sie das gute alte Verbesserungsvorschlagswesen in Richtung »strategische Ideen«, bitten Sie die Mitarbeiter um kreative Ideen zum Thema »Strategie«. Natürlich spricht nichts dagegen, Vorschläge auch zu prämieren und zu belohnen.

Nehmen Sie sich Zeit zur Selbstreflexion!

Überprüfen Sie Schritt für Schritt Ihre Kompetenzen im Bereich der »vier Ebenen der Führung«. Leitfragen dabei sind:

- Beschäftigen Sie sich kontinuierlich mit Ihrer Persönlichkeitsentwicklung?
- Verfügen Sie über strategischen Weitblick, sind Sie zum Richtungsdenken in der Lage? Was müssen Sie tun, um sich diese Fähigkeiten zu erarbeiten?
- Wie gehen Sie vor, wenn Sie ein Mitarbeitergespräch führen? Was können Sie verbessern?
- Wie ist die Stimmung in Ihrem Team? Welche Rahmenbedingungen müssen Sie ändern, um sie zu verbessern?
- Wie steht es um die unternehmerische Führungskompetenz? Was müssen Sie (noch) konkret tun, damit Sie als Unternehmer dauerhaft erfolgreich sind?
- Dazu müssen Sie sich nur eine Frage stellen: Bin ich der Mensch, von dem ich selbst gerne geführt werden würde, wenn er mein Vorgesetzter wäre?

Den Schritt von der strategischen, innovatorischen Entwicklung zur Marktpositionierung gehen wir im nächsten Teil.

4. Teil

Vertriebsintelligente Positionierung: die durchschlagende Marktstrategie

1. Expertenstatus und emotionaler Mehr-Wert

Harley

»320 Kilo Schrott aus Milwaukee« – das ist tatsächlich eine Beschreibung der wahrscheinlich mythischsten Marke der Welt. *Harley Davidson* hat es geschafft, aus seinen Produkten ein Lebensgefühl, ein eigenes Universum zu machen. *»Lieber stehend sterben, als knieend leben.«* Ein Universum mit eigener Sprache und Gesetzmäßigkeiten – mit Brotherhoods, die sich auf der *Daytona Bike-Week* treffen; mit Käufern, die sich ihr Markensymbol nicht nur auf die Kleidung nähen, sondern auf die bloße Haut tätowieren lassen; und mit dem Joint Venture mit *Porsche* für die Motorentechnik hat sich die Marke neu erfunden und erschließt sich neben den »Free Ridern« und den »reichen Zahnärzten« eine neue Zielgruppe: junge V-Rod-Fahrer. *Das* ist emotionaler Mehr-Wert. *Das* ist eine vertriebsintelligente Marktstrategie.

Red Bull

Riecht wie Weingummi, besteht aus Wasser, Zucker, Koffein, Vitaminen und Taurin – und bringt die Kunden dazu, sich in selbstgebastelten Flugzeugen in den See zu stürzen. Denn: *»Red Bull verleiht Flügel«* – so die Eigenwerbung. Eine neue Kultmarke mit emotionalem Mehr-Wert und eigener Erlebniswelt; pointiert in den *Red-Bull-Flugtagen.*

Heute liegt der Umsatz von *Red Bull,* das in mehr als 120 Ländern verkauft wird, bei rund 1,7 Milliarden Euro. Gründer und Sportsfreund *Mateschitz* ist steinreich und kann sich mit eigenem Formel-1-Team, eigener Eishockey- und Fußballmannschaft selbst verwirklichen, resümiert *Brand Eins* im Herbst 2005. Womit er übrigens gleich in der Erlebniswelt seiner Kunden und damit glaubwürig bleibt.

Audi

Peek & Cloppenburg erfindet sich neu mit Weltstadthäusern und der Kooperation mit dem Vielfliegerprogramm Miles & More: Die Düsseldorfer werden weltläufig und mondän. *Apple* präsentiert mit *Motorola* das erste Handy mit iTunes und lässt den sensationellen i-pod *Nano* in *VW* und *Audi* einbauen. *Audi* kooperiert mit großen Hotels und stellt der exquisiten Klientel dort *A8* und *Q7* zur Verfügung. Zahlen müssen die Hotelkunden dafür nicht – werden später dann von der örtlichen *Audi*-Niederlassung angerufen. Kooperationen, Bundling, Vertriebsgemeinschaften – alles aktuelle Beispiele für den erfolgreichen Zusammenschluss von Experten-Marken, die gemeinsam (emotionalen) Mehr-Wert für die Kunden schaffen.

Welche Branche?

Vertriebsintelligente Unternehmen zeichnen sich durch einen ausgesprochenen Expertenstatus aus – sie erfüllen Kundennutzen und lösen Kundenprobleme auf eine einzigartige Weise, die sie eindeutig vom Wettbewerb abhebt. Um dorthin zu gelangen, sind exzellentes Kunden-Know-how und vor allem die Fokussierung auf das Kerngeschäft notwendig. *Peter F. Drucker* hat herausgefunden, dass viele seiner Kundenunternehmen, die sich in einer Krisensituation befanden, die Frage: *»What business are you really in?«* nicht oder falsch beantwortet haben. Sie wussten nicht klar zu sagen, für welche Branche sie eine Lösung mit Hilfe ihrer Produkte und Dienstleistungen anbieten konnten. Ein vertriebsintelligentes Unternehmen jedoch weiß ganz genau, worin seine Kernkompetenzen bestehen und wem – welcher Branche – es einen Nutzen bieten kann.

Es kommt aber nicht nur auf die Nutzung der Kernkompetenzen an, sondern auch auf den emotionalen Mehr-Wert, den ein Unternehmen seinen Kunden im Einkaufsprozess bietet.

Der emotionale Mehr-Wert ist das erfolgskritische Wettbewerbsunterscheidungsmerkmal der Zukunft schlechthin. Es sichern sich diejenigen Unternehmen auf intelligente Weise ihr Überleben und ihr Wachstum am Markt, die es verstehen, ihren Kunden emotionale Welten und den Zugang zu Fantasien und Träumen, die Realität werden, zu eröffnen.

Märkte von morgen erschließen

Menschen kaufen keine Versicherungen, sondern Zukunftssicherheit und finanzielle Unabhängigkeit. Sie kaufen keine Autos, sondern Mobilität. Sie kaufen keine Bohrer, sondern das Loch in der Wand. Und Frauen kaufen mit dem Lippenstift keine rote Farbe für den Mund, sondern Sex-Appeal! Wer es dann noch versteht, das Einkaufen zu einem emotionalen Erlebnis zu machen, befindet sich auf dem besten Weg zur VertriebsIntelligenz und kann Märkte von morgen kreativ und innovativ erschließen und dort Wettbewerbsvorteile aufbauen.

Das heißt: Wer den emotionalen Mehr-Wert mit der Fähigkeit zur Spezialisierung in Produkt, Dienstleistung und Know-how kombiniert und dies global vermarktet, entwickelt sich zur Umsatz-Maschine.

Kompetenzbereich M: die durchschlagende Marktstrategie

- Vision und Mission definieren
- Kernpositionierung und Expertenstatus des Unternehmens und der Leistungen/Produkte erarbeiten und klar am Kundennutzen ausrichten
- Leistung und Produkte emotional aufladen: *Emotional Value Added* als Alleinstellungsmerkmal am Markt aufbauen
- Mythos Marke werden: Positionierung und Konzentration; Innovation mit »Denkfabrik Unternehmen«
- Ergebnisse mittels Gestalterkraft nutzen, um neue Märkte zu erobern beziehungsweise zu kreieren und die erkennbaren Umsatzpotenziale zu realisieren

2. Wer seinen Stern kennt, der dreht nicht um

EmVa – das heißt *Emotional Value Added.* Lassen Sie mich Schritt für Schritt erläutern, was mit dem »emotionalen Mehr-Wert« gemeint ist. Stellen Sie sich einmal vor, Sie wollen sich einen neuen Wagen kaufen. Warum kaufen Sie ihn bei dem einen Händler – und nicht bei dem anderen? Ist es der bessere, schönere, nützlichere Wagen, der Sie dazu antreibt? Wohl eher selten – die Qualität der Produkte und des Services nähert sich immer mehr an. Ist es der kompetentere Verkäufer, der Sie freundlich und zuvorkommend informiert und bedient? Ist es der günstigere Preis? Dies wohl eher – obwohl das Wort »Kundenorientierung« heute bei den meisten Unternehmen groß geschrieben wird und sich bei gleicher Qualität die Preisunterschiede im Rahmen halten.

Leidenschaft ist der einzige Redner, der immer überzeugt

Entscheidend aber ist doch vor allem Ihr Wissen, dort, in diesem Automobilgeschäft, nicht nur einfach einzukaufen, nicht nur einfach und plan das Geld auf den Tisch des Hauses zu legen und dafür eine adäquate Gegenleistung zu bekommen – sondern ein Kaufabenteuer erleben zu dürfen! Das Gesamtkunstwerk »Einkaufserlebnis«, bei dem von der freundlichen persönlichen Begrüßung im Eingangsbereich über das Getränk, das Ihnen während des Beratungsgesprächs serviert wird, bis hin zur kompetenten Beratung und zur Produktqualität und dem Preis einfach alles stimmt – das ist es, was Kunden zu der Entscheidung gelangen lässt, hier zu kaufen.

Wenn Sie in einem Autohaus spüren, dass da jemand ist, der sich permanent Gedanken darüber macht, wie er Ihnen einen Nutz-Wert, einen Mehr-Wert, bieten kann, und zwar mit Hilfe seines ganz speziellen Know-hows, seines USP *(Unique Selling Proposition)*, seiner einzigartigen Kernkompetenz – dann kaufen Sie dort nicht nur, sondern Sie kaufen auch noch gerne, mit Freude und viel Spaß.

Wie der französische Schriftsteller *de La Rochefoucauld* schon im 17. Jahrhundert wusste: *»Leidenschaft ist der einzige Redner, der immer überzeugt«!*

Von Rumpelfußballern und Ballästheten

Und ich möchte Ihnen noch eine Frage stellen: Wen schauen Sie sich im Fernsehen – oder auch im Stadion – lieber an: Irgendwelche – ich möchte jetzt keine Namen nennen! – grobmotorische Rumpelfußballer, die von der ersten bis zur letzten Minute ergebnisorientiert ihr Pensum mehr schlecht als recht herunterspulen, immer das Ergebnis, das ihnen in die nächste Runde verhilft, geradezu auf der Stirn geschrieben? Oder eher die Ballästheten, zum Beispiel aus Brasilien, deren lustvollem Spiel Sie ansehen, dass es nicht primär nur um das Ergebnis geht, sondern auch um die Verwirklichung einer Spielkultur, die Realisierung des eigentlichen Sinns des Ballspiels, nämlich in höchster Bewegung und Athletik im Zusammenspiel mit den Mitspielern den Ball geradezu ins gegnerische Tor zu zaubern?

Sicher siegen auch die Brasilianer gern, keine Frage. Aber genauso gern führen sie den Zuschauern vor, was sich alles mit der Kugel anstellen lässt; sie wollen sie be- und verzaubern, Emotionen wecken, einen Spielrausch entwickeln, die Gefühlsnerven reizen, ihre Vision vom begeisterten und begeisternden Ballspiel verwirklichen.

Was können Sie der Welt geben?

Was nun ist der entscheidende Unterschied zwischen Rumpelfußballern und Ballästheten, zwischen Autohaus A und Autohaus B, zwischen den Versicherungsunternehmen Banania und Apfelsinia, welche das Kaufen zum Erlebnis für seine Kunden zu machen versteht? Es sind zwei Perspektiven, die sich in drei Fragen konkretisieren:

- Welcher Vision, welcher Mission folge ich?
- Welchen Nutz-Wert, welchen Mehr-Wert gebe ich dem Markt mit meiner Positionierung, mit meinem Expertentum, mit meinem USP – was kann ich der Welt geben?
- Welchen Sinn will ich meiner Marktpositionierung verleihen?

Sie sehen: Eigentlich geht es bei allen Fragen um das Gleiche: um Sinn.

Sinn ist letztlich – wir haben es im zweiten Teil bereits bezogen auf Ihre Mitarbeiter herausgearbeitet – die höchste Stufe Ihrer Werteorientierung und der Werteorientierung Ihres Unternehmens. Sinn fragt nach dem Warum und dem Wozu, und wer die Antwort hierauf kennt, erträgt oder leistet nahezu jedes Wie!

Ein vertriebsintelligentes Unternehmen reflektiert diese Sinnfrage permanent und stellt sich der Herausforderung: »Was ist der tiefere, der eigentliche, der wirkliche, der fundamentale Zweck unseres Unternehmens?«

Sinn-Frage

Die Frage nach dem Sinn ist eine transzendente – sie lässt sich nicht im Rahmen des operativen Geschäfts beantworten. Sicherlich hängt der brasilianische Ballzauber auch mit der Raumaufteilung, der Kenntnis jeden Spielers über die Laufwege der Mitspieler und der Einübung von Standardsituationen, etwa Freistößen, zusammen. Entscheidender aber ist der Überbau, der »Wille zum Sinn« im Sinne *Viktor Frankls* – und damit geht es um die Vision und die Mission jener Ballästheten, die sich – sehr wahrscheinlich eher unbewusst – als Inkarnation des Sinns dieser Sportart verstehen.

Im Unterschied dazu sind sich die Führungskräfte und Mitarbeiter jedes vertriebsintelligenten Unternehmens ihres Sinns, ihrer Vision und Mission durchaus bewusst. Sie haben die Frage: »Was ist der fundamentale Zweck unseres Unternehmens?« beantwortet, sie wissen, was sie der Welt – ihren Kunden – geben wollen; sie wissen, was sie der Welt – ihren Kunden – Besonderes geben können; sie wissen, was sie der Welt – ihren Kunden – an Nutz-Wert oder Mehr-Wert geben können; sie wissen, was der *Value Added* ist, den sie der Welt – den Kunden – geben können: nämlich emotionaler Mehr-Wert, eben *Emotional Value Added.*

Sinn = Begeisterung = starke Emotion

Und damit schließt sich der Kreis: Sinn schafft Begeisterung. Begeisterung ist eine starke Emotion. Eine starke Emotion, die nicht nur Sie antreibt, sondern auch den Markt. Denn alle neueren Untersuchungen zeigen, dass die Freude, die Emotion, ein sehr starkes, wenn nicht das stärkste Kaufmotiv ist. Und darum ist es so wichtig, Freude und Emotion aufseiten des Kunden zu wecken. Denn dieser will natürlich ein nutzenorientiertes Produkt oder eine nutzenorientierte Dienstleistung, eine Lösung für sein Problem erstehen. Vor allem aber will er beim Kauf ein gutes Gefühl haben: »Ich finde es toll, dass ich für mein Entrittsgeld von den Brasilianern eine begeisternde Show geboten bekomme«, »Ich finde es toll, wenn ich mit dem Kauf des Wagens das Gefühl von Sportlichkeit, Image oder unbegrenzter Bewegungsfreiheit habe«, »Ich finde es toll, wenn mir die Versicherungspolice das Gefühl der Sicherheit und die innere Ruhe gibt, meine Lebensqualität im Alter finanziell gesichert zu haben.«

Und damit haben wir EmVA entschlüsselt: den *Emotional Value Added,* den Sinn-Mehr-Wert, den Sie mit Ihren Kompetenzen Ihren Kunden anbieten und schenken.

Die Anforderungen des Kunden

Wer ständig die Frage reflektiert, welchen Nutz-Wert das Unternehmen der Welt bieten kann, hat den ersten Schritt zur durchschlagenden Marktstrategie geschafft. In einem nächsten Schritt kommt eine entscheidende Wendung dazu: Sie müssen diese Frage auch und vor allem aus der Sicht der Kunden beantworten: Denn die Kunden – und damit der Markt – fragen: »Welchen Nutz- und Mehr-Wert gibst du, Unternehmen, mir?« Vertriebsintelligente Unternehmen haben immer die Kundenbrille auf, sie analysieren ihr Business und ihre Kernkompetenzen aus der Wahrnehmungsperspektive der Kunden. Und dabei spielen drei Fragen, die der Kunde an Ihr Unternehmen stellt, eine Rolle:

Drei Fragen der Kunden

- Welche meiner Basisanforderungen erfüllst du, Unternehmen Apfelsinia, durch deine Produkte und Dienstleistungen?
- Welche meiner Leistungsanforderungen erfüllst du, Unternehmen Apfelsinia?
- Welche meiner Begeisterungsanforderungen erfüllt dein Angebot?

Reklamation

Nehmen wir als Beispiel den Unternehmensprozess »Reklamation«. Bewusst ausgesucht, ist dies ein Beispiel mit eher reduziertem Glamourfaktor – ein Beispiel, das zunächst nicht mit Begeisterung in Verbindung gebracht wird. Aber das kann man daraus machen!

- Als *Basisanforderung,* deren Erfüllung der Kunde als selbstverständlich voraussetzt, gilt, dass es in Ihrem Unternehmen einen qualifizierten Ansprechpartner gibt, bei dem er seine Reklamation vorbringen kann und der ihm klipp und klar erläutert, wie es weitergeht. Die Basisanforderungen betreffen denjenigen Nutzen, den der Kunde beim Erwerb einer Ware oder Dienstleistung als Selbstverständlichkeit voraussetzt. Können diese Anforderungen nicht erfüllt werden, ist er unzufrieden – mit hoher Wahrscheinlichkeit wird er nie wieder bei Ihnen auftauchen, ja er wird diese Erfahrungen »in die Welt tragen« und jedem erzählen, dass »er diesen Laden nie wieder betreten wird«. Wer zum Beispiel in einem Restaurant ungenießbare und verdorbene Speisen, unhöfliches Personal und ein dreckiges Tischtuch vorfindet, begibt sich angesichts der Enttäuschung dieser Grundanforderungen, die er an ein Restaurant stellt, vielleicht zur Konkurrenz nebenan. Wer nicht in der Lage ist, die Basisanforderungen seiner Kunden zu erfüllen, also den als selbstverständlich vorausgesetzten Kundennutzen, braucht sich bezüglich der zwei anderen Leistungsanforderungen gar nicht erst den Kopf zu zerbrechen.

- Zu den *Leistungsanforderungen* gehören eine schnelle Reparatur und eine zeitnahe Reklamationsbehandlung. Die Leistungsanforderungen umfassen den Kundennutzen, den ein Kunde beim Erwerb einer Ware oder Inanspruchnahme einer Dienstleistung erwartet. Der Autokunde erwartet vielleicht eine gewisse Funktionalität, eine schnelle Beschleunigung, eine bequeme Sitzhaltung und einen geringen Benzinverbrauch. Sind diese Leistungsanforderungen erfüllt, ist er zufrieden, und je mehr er diese Leistungsanforderungen erfüllt sieht, desto ausgeprägter ist das Gefühl der Zufriedenheit.

- Aber erst die Erfüllung der *außergewöhnlichen Anforderungen* führt bei Ihren Kunden zu einem Gefühl der Begeisterung. Wenn Sie einen erweiterten Reparaturservice oder die kostenlose Erledigung kleinerer Reparaturen anbieten können, wird der Kunde Ihr Reklamationsmanagement in den höchsten Tönen loben – Sie differenzieren sich vom Wettbewerb und bauen einen strategischen Wettbewerbsvorteil auf. Denn der Kunde erfährt einen Nutzen, mit dem er eigentlich gar nicht gerechnet hat; auf die Erfüllung der Begeisterungsanforderungen hätte er in seinen kühnsten Träumen nicht zu hoffen gewagt. Und hier zeigt sich, ob Sie Ihren Kunden den emotionalen Mehr-Wert, der zu Begeisterung führt, geben können. Auch Ihr Kunde braucht die *Moments of Excellence*. Und Sie müssen sie ihm verschaffen.

Die Kraft der Vision

Eine durchschlagende Marktstrategie ist mithin möglich, wenn sie die Basis-, Leistungs- und insbesondere die Begeisterungsanforderungen der Kunden berücksichtigt. Dazu müssen Sie den fundamentalen Zweck Ihres Unternehmens, Ihre Vision und Mission, definieren und in klare Worte und Bilder fassen.

Bedeutung der Vision

»Unser Problem ist heute, dass die Werkzeuge zwar vorhanden sind, aber die Visionen fehlen«, meint der Universitätsprofessor und Managementberater *Richard Pascale*. Ich möchte die konkreten Vorteile, die ein Unternehmen, das über eine Vision verfügt, auf seiner Seite hat, beschreiben und lehne mich dabei an *Ken Blanchard* an: Zum einen drückt eine Vision aus, wofür ein Unternehmen steht. Die Vision beschreibt das Warum und Weshalb der Existenz eines Unternehmens und gewinnt so eine Bedeutung für die Menschen, und zwar für die Mitarbeiter und die Kunden.

Eine Vision hilft, die Blackbox des Alltagsgeschäftes zu verlassen, sie befreit von den Fesseln des operativen Geschäfts, sie weitet den Blick und malt ein Bild vom Unternehmen, wie es in der Zukunft aussehen könnte. Damit bildet sie das »Dach« für die konkreten Ziele eines Unternehmens und ist zugleich handlungsanleitend.

Eine tragfähige Vision durchzieht das gesamte Unternehmen wie ein »roter Faden« und spiegelt sich in allen Tätigkeiten, Handlungen und Denkweisen wider. Die Vision und die daraus abgeleiteten Unternehmenswerte und Unternehmensgrundsätze finden sich auf den Etagen des Topmanagements ebenso wieder wie an den Schreibtischen eines jeden Mitarbeiters, wo sie ihre Motivations- und Inspirationskraft entfaltet.

Visionen ohne Aktionen sind Halluzinationen

Das gelingt jedoch nur, wenn aus der Vision tatsächlich unternehmerische Werte und Prinzipien abgeleitet werden, an denen langfristig festgehalten wird. Entscheidendes Merkmal des visionären Unternehmens ist, dass es zentrale Werte und Ziele hat, die auch dann unverändert bleiben, wenn die Geschäftsstrategien und -praktiken immer wieder an das sich wandelnde Umfeld angepasst werden. Werte – als tiefe und grundlegende Überzeugungen – bilden den Rahmen dafür, wie bei der Verfolgung des Unternehmenszwecks vorgegangen werden sollte; aus ihnen lassen sich die konkreten Verhaltensweisen ableiten, die Ihre Mitarbeiter und Sie bei der Verfolgung Ihrer Ziele und im täglichen Handeln an den Tag legen. Demnach ist das Ziel vom »perfekten Kundenservice« oder vom »fairen und integren Umgang mit den Mitarbeitern« durchaus eine Vision, nicht jedoch ein Börsengang – dieser hat wenig mit Grundüberzeugungen und mit Grundwerten zu tun und wird auf die Mitarbeiter höchstens vorübergehend so etwas wie eine Sogwirkung ausüben.

Da fällt mir eine Geschichte ein, die von dem in diesem Buch häufiger zu Wort kommenden *John F. Kennedy* kolportiert wird: Zu Zeiten seiner Präsidentschaft besuchte er Cape Canaveral und traf bei seinem Rundgang auf Ben, einen Arbeiter, der unermüdlich in den Hallen fegte. »Ben«, so der Präsident, »was ist Ihr Job?« Darauf Ben: »Mein Job, Mr. President, ist es, einen Mann zum Mond zu bringen.«

Die Werteorientierung als Seele des Unternehmens

Eine Vision gründet auf zeitlosen Werten und Zielen, die ihre »Seele« ausmachen – wer sich mit Visionen beschäftigt, wird nicht ohne Begriffe auskommen, die im üblichen Managementvokabular nicht vorkommen. Sie darf nicht allein ökonomisch ausgerichtet sein, nach dem Motto: »In fünf Jahren wollen wir mindestens fünfzig Millionen Mehrumsatz pro Jahr machen«. Sicherlich: Ohne Gewinn geht es nicht; aber eine ZDF-Vision, die sich in Zahlen, Daten und Fakten erschöpft, in Umsatz- und Gewinnstatistiken, führt zum Scheitern, weil es eben keine Vision ist. Denn eine solche muss vor allem anzeigen, in welche Richtung das Unternehmen sich entwickeln möchte, und eine Orientierungs- und Ordnungsfunktion für alle Mitarbeiter aufweisen, sich in einem Bild zusammenfassen lassen – ein Leitbild, ein Stern sein: Wer seinen Stern kennt, der dreht nicht um.

Ethik und Gewinnorientierung: und die Moral vom Kapital?

Dabei möchte ich nicht den Eindruck erwecken, als ob es einem visionären und werteorientierten Unternehmen quasi verboten sei, auf die Gewinnmaximierung zu achten – im Gegenteil. *Daniel Goeudevert* hat einmal gesagt: *»Wenn wir es schaffen, Moral und Ethik in unser wirtschaftliches Handeln mit einzubeziehen, werden wir noch größeren Erfolg haben. Zu deutsch: mehr Geld verdienen.«* Oder auch: Ethik und Unternehmenserfolg sind kein Widerspruch, sie bedingen sich vielmehr gegenseitig. Wer einzig und allein ethische Überlegungen in den Fokus seines Handelns rückt und nicht nach Erfolg strebt, handelt sogar fahrlässig und unsozial, denn es besteht die Gefahr, dass das Unternehmen sich nicht lange am Markt halten kann und Arbeitsplätze vernichtet werden. Und wer die Profitmaximierung allein zum Nonplusultra seines Handelns erhebt, wird vielleicht kurzfristig Erfolg haben, aber langfristig scheitern. Geld an sich sollte niemals Ziel, sondern immer Ergebnis sein. Ethik und wirtschaftlicher Erfolg müssen also miteinander in Einklang gebracht werden.

Vorteile einer klaren Vision

- Die Vision hilft uns, zu verstehen, in welchem Geschäft wir *wirklich* sind
- liefert Richtlinien, die uns dabei helfen, die jeden Tag anfallenden Entscheidungen zu treffen
- bietet ein Bild von der angestrebten Zukunft, das man wirklich sehen kann
- ist dauerhaft
- hat etwas mit »Größe« zu tun – nicht nur damit, besser zu sein als die Konkurrenz
- ist inspirierend – wird nicht nur in Zahlen ausgedrückt
- berührt Herz und Geist von allen
- hilft jedem zu erkennen, wie er selbst dazu beitragen kann, sie zu verwirklichen

Quelle: Ken Blanchard: Full Steam Ahead – volle Kraft voraus, S. 86

Emotionsmanagement als Führungsaufgabe

Die Emotionen spielen aber noch in einer weiteren Hinsicht eine Rolle: Begeisterte Märkte und Kunden, begeisterte Führungskräfte – also Sie – und: begeisterte Mitarbeiter tragen entscheidend dazu bei, ob Ihre Marktstrategie sich tatsächlich realisieren lässt. Sie sind es, die durch ihre Begeisterung Kunden »entzünden«. Hinzu kommt: Gerade wenn Sie Ihre Marktstrategie einführen und am Markt erst positionieren müssen, sind Sie auf die gefühlsmäßige Beteiligung der Mitarbeiter angewiesen. Denn die Einführung und Etablierung einer neuen Strategie führt immer zu einem Wandel und zu Veränderungen im gesamten Unternehmensgefüge: Ihre Mitarbeiter müssen Lust an der Veränderung und am Wandel haben, die Veränderung als positive Herausforderung begreifen, nicht als Störung, die gewohnte und lieb gewonnene Arbeitsabläufe infrage stellt.

Gerade in größeren Unternehmen werden auf der Geschäftsführungsebene strategische Ziele entwickelt, jedoch nicht klar und nachvollziehbar für die mittleren und unteren Hierarchieebenen kommuniziert. Auf ihrem Weg von den Führungsetagen zu den Schreibtischen der Mitarbeiter verwässert die Strategie zu bloßen Anweisungen. Indem Mitarbeiter von Anfang an emotional an der Strategieumsetzung beteiligt werden, ist es möglich, dass sie sich mit der Strategie identifizieren und mit Lust an ihrer Realisierung mitwirken.

Wie aber lässt sich diese Lust entfachen?

Die Führungskraft als emotionaler Change-Agent

Nur wenn Sie selbst eine ausgeprägte Veränderungsmentalität an den Tag legen, können Sie diese Haltung auch von Ihren Mitarbeitern erwarten und ihnen als Vorbild dabei dienen, wie man Veränderungen aktiv angeht und mit Freude bewältigt. Change-Management braucht stets einen Akteur, einen »Antreiber« oder einen Change-Agent. Diese Rolle sollten Sie in Ihrer Funktion als Führungskraft übernehmen, indem Sie sich der Aufgabe widmen, den Boden für notwendige Veränderungsprozesse zu bereiten.

»Jedes starke Bild wird Wirklichkeit« (A. de Saint-Exupéry)

Wenn Sie in der Lage sind, das Neue, das Alte und den Weg vom Alten zum Neuen in einem einfachen Bild, in einer Grafik oder auch in einer kleinen Geschichte auszudrücken, dann ist dies zunächst einmal ein Beweis dafür, dass Sie selbst es verstanden haben. Und erst, wenn Sie etwas ganz und gar verstanden haben, können Sie es auch authentisch und glaubhaft Ihren Mitarbeitern vermitteln. Um nicht nur in das Gehirn, sondern auch in die Herzen der Menschen zu kommen, braucht es Ihre Kreativität, Komplexes einfach auszudrücken und die Strategie in ein motivierendes Bild zu fassen. Nicht umsonst heißt es, dass ein Bild mehr sagt als tausend Worte – dazu später mehr.

Auch Ihre Mitarbeiter müssen den Wandel emotional verinnerlicht haben. Nur mit Hilfe ihrer Überzeugung und Kraft – ihrer Überzeugungskraft –, die aus einem emotionalen Beteiligtsein resultiert, können sie das Change-Feuer weitertragen.

> **Das bedeutet für Sie: Gestalten Sie bei der Vorstellung und Durchführung der Marktstrategie emotionale Höhepunkte, und zwar so, dass die Mitarbeiter ihre Emotionen ausdrücken können: Trauer und Freude, Abschied und Neustart, Angst und Hoffnung usw.**

Emotionaler Strategie-Workshop

Leider tappen viele Führungskräfte und Unternehmen allzu oft in die Verstandes-Falle. Aber der Erfolg der Strategieumsetzung ist nicht nur abhängig vom Was, von der logischen Aussagekraft der strategischen Botschaft, sondern ebenso vom Wie, von der emotionalen Verpackung. Wird dies nicht berücksichtigt, müssen Ihre Mitarbeiter auf jenes »Flow-Erlebnis« verzichten, von dem *Mihaly Csikszentmihalyi,* Professor für Psychologie an der *University of Chicago,* dann spricht, wenn sich zum Beispiel bei der Bewältigung einer komplexen Arbeitsaufgabe ein Glücksgefühl jenseits des mit dem Verstand Nachvollziehbaren einstellt. Empfehlenswert ist daher die folgende Vorgehensweise:

- Bei der Umsetzung und Durchführung von Marktstrategien ist es wichtig, beide Seiten zu beachten: den Kopf und das Herz, den Inhalt und die Form, den Verstand und das Gefühl. Keiner der Aspekte darf vernachlässigt werden, kein Aspekt den anderen dominieren. Um dies zu gewährleisten, hat es sich bewährt, einen Strategieworkshop durchzuführen, in dem das Management die neue Strategie vorstellt. Dabei gilt: Die Mitarbeiter werden im Workshop nicht zu der neuen Strategie überredet, sondern von ihr überzeugt. Allerdings: An der Strategie selbst kann und soll nichts mehr geändert werden – es geht vielmehr darum, alle Beteiligten mit ins Boot zu holen, damit sie bereit sind, die Strategieumsetzung mit Begeisterung zu unterstützen.

Emotionsgeladene Bilder

- Wo immer möglich, werden Botschaften, Informationen und Aussagen in emotionsgeladene Bilder gefasst. Damit ist zum einen die verbale Ebene gemeint: Formulieren Sie Ihre Strategie eingängig, leicht verständlich, mit Sprachwitz, Humor und positiv. Ich möchte diesen Tipp zudem wortwörtlich verstanden wissen: Schmücken Sie die Wände des Raumes mit großformatigen »Gemälden«, in denen die Strategie visualisiert ist: Collagen, in denen Stationen aus der Unternehmensentwicklung geschildert werden und die in der bildhaften Darstellung der Zielsetzung der Marktstrategie münden: etwa der Marktführerschaft. Oder denken Sie an Siebdrucke, die Stationen aus dem Leben des Unternehmensgründers und ihn im engagierten Gespräch mit Kunden zeigen. Wo Sie diese »Kunstwerke« hernehmen? Nun – eventuell lohnt sich die Beauftragung einer Agentur, aber warum eigentlich lassen Sie Ihre Mitarbeiter nicht selbst künstlerisch tätig werden? Farben, Pinsel und Papier sind schnell besorgt. Die Aufgabe: Jeder Mitarbeiter sollte die Marktstrategie für sich visualisieren und dabei deren Bedeutung für den eigenen Arbeitsplatz zum Thema machen.

- Gestalten Sie den Workshop als ein kleines Fest der Sinne: Arbeiten Sie mit Hintergrund-Musik, richten Sie Entspannungs- und Meditationsecken ein. Und den nö-

Das Neue lustvoll erleben

tigen Raum für Aktivität und Motivation. Damit sorgen Sie nicht nur für die notwendige Ruhe vor dem Kreativitätssturm, für die richtige Atmosphäre – und für positive Anker: Ihre Mitarbeiter erleben die Beschäftigung und Auseinandersetzung mit der Marktstrategie nicht als Belastung, die von ihnen das Loslassen bekannter und vertrauter Handlungs- und Denkschemata verlangt, was ja stets zu Unsicherheit führt. Vielmehr erleben sie die Beschäftigung mit dem Neuen, der neuen Herausforderung als lustvoll, so dass sie sich mit Herz und Verstand, als »ganzheitliche« Personen und mit allen Sinnen einbringen können.

Nehmen Sie sich Zeit zur Selbstreflexion!

Reflektieren Sie bezüglich Ihrer Marktstrategie (Ihrer bestehenden oder Ihrer zukünftigen):

- Welchen emotionalen Nutz-Wert oder Mehr-Wert geben Sie dem Markt?
- Welchen Sinn wollen Sie Ihrer Marktpositionierung verleihen?
- Erfüllt die Marktstrategie die Begeisterungsanforderungen Ihrer Kunden?
- Ist Ihre Strategie in eine Vision und Mission eingebettet? Leitet sie sich aus dem fundamentalen Zweck Ihres Unternehmens ab?
- Was können Sie tun, damit Ihre Mitarbeiter an der Verwirklichung der Marktstrategie emotional beteiligt sind?

3. Zum Mythos werden: Positionierung und Konzentration

Mit Fokussierung Mythosqualität entwickeln

Prof. Dr. *Heinz Rohner*, Internist in Schwerte, ist passionierter Golfer mit Handicap 7 und hat ein für Ärzte aufwändiges Hobby: Er ist Kunstsammler. Das ist noch nicht so außergewöhnlich, aber er hat sich dabei auf ein spezielles Motiv konzentriert, nämlich Golf-Bilder. Und darum hat er alle lebenden, ihm wichtigen Künstler gebeten, ihm ein Golf-Bild zu malen. Einer der ersten war Prof. *Markus Lüpertz*, der als Vertreter des Neoexpressionismus zu den populärsten deutschen Malern unserer Zeit zählt. Bingo! – würde ich sagen.

Die größte Golf-Bilder-Sammlung

Mittlerweile hat der Internist über 1500 Werke gesammelt, alle großen zeitgenössischen Künstler sind mit dabei. Die größte Golf-Bilder-Sammlung der Welt ist so zustande gekommen. Sie ist einmalig, sehr wertvoll und wird überall auf dem Globus ausgestellt. Und die Moral von der Geschicht … ist gar nicht schlicht:

> **Die Konzentration und Fokussierung auf ein Motiv – hier das Golf-Motiv – ist für mich ein Paradebeispiel dafür, dass sich ein Unternehmen in seinen Unternehmensleistungen nicht diversifizieren darf, sondern fokussieren muss. Und ein Beispiel dafür, dass zwischen Kunst und**

Wirtschaft doch keine so große Lücke klafft, wie gerne behauptet wird. Nein, das Gegenteil ist der Fall: Wo Kapital ist, kann Kunst gedeihen!

Einer der erfolgreichsten deutschen Unternehmer, *Reinhold Würth,* hat es vorgemacht: Lange bevor es in der Managementlehre üblich war, hat sich der Unternehmer auf sein Kerngeschäft konzentriert: Handwerker und Werkstätten sind nach wie vor die wichtigste Zielgruppe der *Würth-Gruppe.* Der weltweite Handel mit Befestigungs- und Montagematerial, verbunden mit einer unbedingten Qualitätsphilosophie, hat dazu geführt, dass sich *Würth* innerhalb von vier Jahrzehnten vom Zweimannbetrieb in die Liga der größten Handelsunternehmen Deutschlands katapultiert hat.

Erfolgsstrategie

Für die Erfolgsstrategie »Fokussierung« gibt es zahlreiche weitere Beispiele. Ich erinnere nur an die *Porsche AG* und ihre Spezialisierung auf exklusive Automobile, die im Bewusstsein der Kunden – noch – als Inbegriff für sportliches Fahren und Denken steht, oder an die Brüder *Karl* und *Theo Albrecht,* die mit *Aldi,* ihrer Kernkompetenz »Top-Qualität bei kleinsten Preisen« und ihrer Philosophie der »Einfachheit« Milliardenumsätze erzielen. Schon *Paul Watzlawick* bemerkte hierzu passend: *»Wer als einziges Werkzeug einen Hammer hat, für den beginnt alles wie ein Nagel auszusehen!«*

Diversifizierung wird abgestraft

Das Prinzip vieler Weltmarktführer lässt sich mit dem Begriff »Fokussierung« erklären – wobei die Fokussierung vielleicht nicht immer ganz freiwillig vonstatten gehen mag. Denn eine Untersuchung der Universität Dortmund, erhoben in der Zeit zwischen 1998 und 2002 bei sämtlichen DAX-Unternehmen, hat ergeben, dass diversifizierte Unternehmen, die in multiplen Geschäftsfeldern tätig sind, von den Investoren »abgestraft werden«. Unternehmen hingegen, die sich auf ihre Kernkompetenzen konzentrieren und dort Wettbewerbsvorteile aufbauen, dürfen eine »Belohnung« erwarten, auch an der Börse.

Nun ist das Verhalten der Shareholder Values nicht immer alleiniges Entscheidungskriterium, und sollte es auf keinen Fall sein.

Und es gibt auch Gegenbeispiele und Situationen, in denen die Diversifikation die angemessene Strategie sein mag. Trotzdem: Die Konzentration auf unternehmerische Kernkompetenzen, die Konzentration auf das, was ein Unternehmen kann – wobei es dies in aller Regel ja bereits unter Beweis gestellt hat –, hat sich als strategische Ausrichtung durchgesetzt: Nische geht vor Diversifikation – so sieht es auch mein erster BWL-Professor *Hermann Simon*, Autor des Buches *Die heimlichen Gewinner – Hidden Champions: Erfolgsstrategien unbekannter Weltmarktführer*. Die Erfolgsgeschichte der »Hidden Champions« zeigt: Wer sich konzentriert, wächst, wer sich verzettelt, schrumpft.

Von den Hidden Champions lernen

Die *Hidden Champions* definieren ihre Märkte eng und bearbeiten sie mit »hoher Fokussierung«. Die Folge: In der Wahrnehmung der Kunden entwickelt sich das Unternehmen zu einer geradezu mythischen Marke.

Eindeutig positionierte Unternehmen, die ihre Kernstärken immer weiter ausbauen, verdichten sich im Bewusstsein der Öffentlichkeit und der Kunden zu positiven Mythen: Wer es geschafft hat, sich in der Wahrnehmung des Kunden zum Beispiel als Hersteller eines »überlegenen Produktes« zu verankern, erzielt nicht nur eine emotionalisierende Wirkung nach außen. Auch die Innenwirkung – gerichtet auf die Mitarbeiter – ist beträchtlich.

Eine emotionale Botschaft wie: »Wir arbeiten für ein Unternehmen, dessen Produkt und Produktqualität einzigartig, uneinholbar und vom Wettbewerb nicht kopierbar ist!« entfaltet eine Sogwirkung nach innen und führt aufseiten der Mitarbeiter und Führungskräfte zu Begeisterung, Motivation, Engagement und Identifikation mit Unternehmen und Arbeitgeber.

Das heißt für Sie: Ihre Mission kann leicht zu Ihrer erfolgreichen Positionierung im Markt führen, wenn sie mit Ihrem USP zusammenfällt und mit Ihren Kernkompetenzen kongruent ist. Wenn Ihre Mission ist: »Ich bringe erwachsenen Menschen leicht und schnell Lesen und Schreiben bei«, dann könnte Ihr USP heißen:

»Ich habe eine einzigartige Lehrmethode entwickelt« oder »Ich bin der Experte für leichten Wissenserwerb, speziell bei Erwachsenen«.

Sicherlich: Auch ein Mythos kann bröckeln – der Zerfall des Mythos »Absolute Zuverlässigkeit im Bereich Qualität« bei *Mercedes* ist leider ein trauriges Beispiel dafür. *Mercedes* hat sich zeitweise von seinen Kernkompetenzen viel zu weit entfernt. Der inhaltliche Kern des Mythos muss also immer wieder durch die Realität bestätigt werden.

Mit Kernkompetenzen Wettbewerbsvorteile aufbauen

Der Weg zur Fokussierung orientiert sich immer an einigen einfachen Fragen, die stets unter dem Aspekt des emotionalen MehrWerts beantwortet werden müssen:

- In welchem Business sind wir tätig?
- Was können wir in diesem Geschäftsbereich besser als andere, so dass wir wettbewerbsfähig sind und bleiben?
- Was sind unsere Kernstärken, unsere Kernvorteile, unsere Kernkompetenzen?
- Welches sind die Probleme unserer Kunden, die wir aufgrund unserer Kernkompetenzen besser lösen können als der Wettbewerb?
- Welche Kernkompetenzen lösen welche Kundenprobleme?
- Was wollen wir sicher nicht sein, nicht tun? Wie grenzen wir uns ab?
- Wie lassen sich die Kernkompetenzen in einen einzigartigen Wettbewerbsvorteil umwandeln?

Wettbewerbsvorteile

Schlüsselbegriff ist die »Kernkompetenz«, also die dauerhafte und transferierbare Ursache für einen Wettbewerbsvorteil. Ein Wettbewerbsvorteil weist drei Eigenschaften auf:

Eigenschaft 1: Er betrifft ein für den Kunden wichtiges Leistungsmerkmal.

Der strategische Wettbewerbsvorteil eines kundenorientierten Unternehmens kann in der als natürlich-offen empfundenen Freundlichkeit der Verkäufer liegen. Ein anderes Beispiel: Gerade in der oft »harten« Finanzdienstleistungsbranche gilt: Es konkurrieren viele Anbieter um ähnliche Kundengruppen mit Produkten, die eine ähnliche, vergleichbare Qualität aufweisen. Wer freundliche und zudem kompetente, zuverlässige Mitarbeiter hat, die beim Kunden nicht nur Dienst nach Vorschrift tun, verschafft sich schon einen Vorteil gegenüber den Mitbewerbern.

Eigenschaft 2: Der Wettbewerbsvorteil muss vom Kunden tatsächlich wahrgenommen werden.

Kernkompetenzen bewusst machen

Das Unternehmen muss seine Kernkompetenzen bewusst machen, der Kunde muss sie wahrnehmen können. Ich habe beispielsweise am eigenen Leib wahrgenommen: Die Kunden des *BMW-Autohauses Timmermanns* in Düsseldorf erfahren z.B. das Qualitätsmerkmal »Freundlichkeit« direkt »am eigenen Leibe«, im Beratungs- und Verkaufsgespräch.

Eigenschaft 3: Der Wettbewerbsvorteil darf nicht so leicht einholbar und kopierbar sein.

Wenn der Wettbewerbsvorteil in der Ausbildung der Mitarbeiter und deren Einstellung zum Kunden liegt, hat ein Unternehmen gut lachen. Denn durch den raschen Besuch eines Seminars lässt sich der Vorsprung eines Wettbewerbers nicht aufholen, in dessen Unternehmensphilosophie die Kundenorientierung integraler Bestandteil ist und der auf die qualifizierte Ausbildung der Mitarbeiter großen Wert legt.

Der Weg zur Einzigartigkeit, der zur Wettbewerbsfähigkeit führt, lässt sich mit Hilfe des »Zwiebelmodells« veranschaulichen:

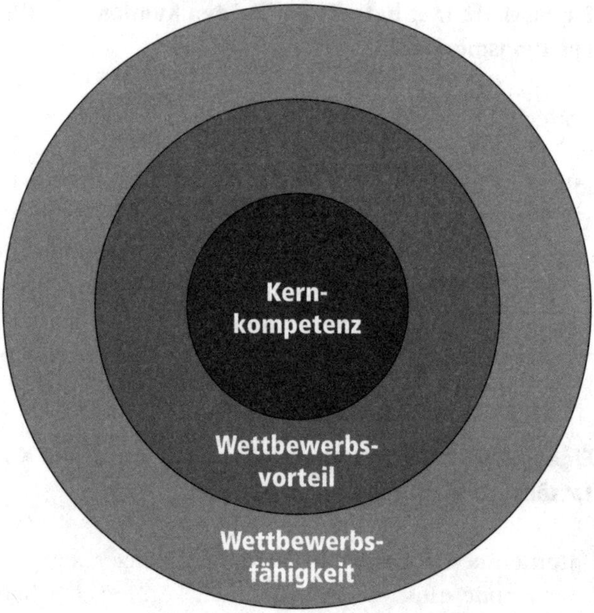

Das Zwiebelmodell

Schuster, bleib bei deinen Leisten

Ein Blick auf die von *Hermann Simon* untersuchten Strategien erfolgreicher Weltmarktführer konkretisiert die Vorteile der Fokussierung auf die Kernkompetenzen. *Simon* betont (S. 221), dass die *Hidden Champions »Einseitigkeit vermeiden. Statt die Polarität von Aspekten der Unternehmensführung im Sinne eines ›Entweder … oder‹ einseitig zu gewichten, neigen sie dazu, jeweils beide Seiten der Medaille im Sinne eines ›Sowohl … als auch‹ zu berücksichtigen. Sie definieren ihren Markt also sowohl eng im Hinblick auf Produkt und Technologie, als auch breit im Hinblick auf die regionale Dimension. Sie sind sowohl markt- als auch technologiegetrieben. Gutes Polaritätsmanagement besteht darin, solche scheinbar gegensätzlichen Orientierungen unter einen Hut zu bringen.«*

Und weiter: *»Im Kern steht eine starke Führerschaft als eigentliche Ursache des Erfolges. Diese Führerschaft setzt ambitiöse Ziele und Visionen, die oft über Jahrzehnte hinausreichen. Die Elemente des Kerns werden* *transformiert in die internen Kompetenzen des inneren Kreises. Hierbei bildet die Philosophie des Verlassens auf die eigenen Stärken die Grundlage. Selektierte und motivierte Mitarbeiter sind die Voraussetzung, um die ambitiösen Ziele umzusetzen. Kontinuierliche Innovation, die sowohl vom Markt als auch von der Technologie getrieben wird, bildet das Mittel zur Nutzung der externen Chancen im äußeren Kreis. Diese externe Chancennutzung ist durch einen engen Marktfokus sowie hohe Kundenfreundlichkeit gekennzeichnet.«*

Typische Aussagen der *Hidden Champions* lauten nach Simon:

- »Wir sind Spezialist für ...«
- »Wir konzentrieren uns auf das, was wir können.«
- »Keine Diversifikation!«
- »Schuster, bleib bei deinen Leisten!«

Große Ziele setzen: Marktführerschaft

Hohe Kundennähe

Ziel dabei ist immer die Marktführerschaft – nicht mehr und nicht weniger. Die Unternehmen haben die klare Absicht, in ihren Märkten die Nummer eins in der Welt zu werden, und setzen dieses Ziel mit großer Ausdauer um. Die Konzentration auf die Kernkompetenzen schließt aus, sich durch Ablenkungen zu diversifizieren. Allerdings kombinieren sie ihre Spezialisierung in Produkt und Know-how mit globaler Vermarktung. Sie sind in wichtigen Zielmärkten mit eigenen Tochtergesellschaften präsent und delegieren die Beziehung zum Kunden nicht an Dritte. Und darum verfügen sie über eine sehr hohe Kundennähe – insbesondere zu ihren Topkunden.

Jüngst ergab eine Studie der *Tellsell Consulting* in Frankfurt, dass Unternehmen mehr als jede vierte Kundenanfrage, die per Brief eingeht, und jede fünfte Kundenanfrage, die per E-Mail an das Unternehmen gerichtet wird, schlicht und einfach – ignorieren! Anfragen, wohl gemerkt, nicht Werbungen!

Tellsell hatte mehr als 5200 Testanfragen an 109 Firmen gestellt: 28 Prozent der Briefe, 23 Prozent der Mails und 15 Prozent der Telefonanrufe wurden überhaupt nicht beantwortet. Und wenn es eine Antwort gab, ließen sich die meisten Firmen sehr viel Zeit. Bei postalischen Rückmeldungen etwa benötigten 38 Prozent der Firmen mehr als eine Woche, bei den Mails sah es mit vier Tagen Reaktionszeit nicht sehr viel besser aus. Solch eine unverantwortliche Schlamperei kann bei den *Hidden Champions* aufgrund ihrer Kundennähe nicht vorkommen.

Nach den Sternen greifen, um über die Wolken zu kommen

Die *Hidden Champions* verkaufen primär über den Wert, nicht über den Preis, ohne jedoch die Kosten zu vernachlässigen, und sind hochinnovativ. Innovation heißt für sie Produkt- und Prozessinnovation. Innovationen – oft Durchbruchsinnovationen – sind das Fundament ihres langfristigen Erfolges. Bei ihren Innovationen integrieren sie Markt und Technik als gleichwertige Antriebskräfte und erreichen damit die Synergie von internen Kompetenzen und externen Marktchancen. Und so schaffen sie ausgeprägte Wettbewerbsvorteile bei Produktqualität und Service. Zudem scheuen sie nicht den Wettbewerb mit ihren weltbesten Wettbewerbern – im Gegenteil: Sie suchen aktiv die Konkurrenz mit ihnen. Denn sie vertrauen auf ihre eigenen Kräfte.

Die *Hidden Champions* zeichnen sich des Weiteren durch hohe Identifikation und Motivation ihrer Mitarbeiter aus. Die Führungspersönlichkeiten schließlich führen autoritär in den Grundwerten und partizipativ im Detail. Sie sind große Energieträger und Inspiratoren. Die Kontinuität in der Führung ist extrem hoch.

Und wo bleibt die Umsetzung?

Emotionaler Mehr-Wert und Fokussierung bilden also den Motor, der eine Umsatz-Maschine antreibt, sie auf dem Weg zur einzigartigen Positionierung sicher ins Ziel bringt und im Idealfall dazu führt, dass das Unternehmen im Bewusstsein der Kunden zum Mythos wird. Bleibt die Frage der Umsetzung, die Festlegung der Schritte und Aktivitäten, die die Verwirklichung der Marktstrategie garantiert. Der folgende Leitfaden umfasst auch diese Überlegung:

- Am Beginn stehen die emotionale und emotionalisierende Vision und Mission: Eine Vision definiert die Marschrichtung des Unternehmens für die nächsten Jahre und versammelt die verschiedenen Tätigkeiten unter *einem* Aspekt. Vision und Mission bauen auf den Kernkompetenzen auf, die zu einem USP weiterentwickelt werden.
- Daraus ist eine Strategie abzuleiten, die konsequent auf die Kundenerwartungen abgestimmt ist. Die Strategie wird in einem strategischen Leitsatz zusammengefasst.

Strategie ableiten

- Aus der Strategie und dem strategischen Leitsatz wiederum werden Aktionen und Maßnahmen abgeleitet, die zur Umsetzung und zur Realisierung der Vision und der Strategie führen. Die richtige Positionierung und das aufsetzende Marketing tragen zur Erhöhung des Bekanntheitsgrades bei und lösen berechtigte Experten- und Nutzenvermutungen beim Kunden aus. Dazu müssen die Basisanforderungen, die Leistungsanforderungen und vor allem die Begeisterungsanforderungen bekannt sein, die die Kunden an das Unternehmen stellen: Wie kann es gelingen, dass die Kunden die Produkte und Dienstleistungen mit einem Gefühl der Begeisterung erstehen?

Wer diesem Leitfaden folgt, ist in der Lage, Märkte von morgen vertriebsintelligent zu erschließen.

Nehmen Sie sich Zeit zur Selbstreflexion!

Über welche Kernkompetenzen verfügen Sie, die Ihnen Wettbewerbsvorteile sichern und Ihre Wettbewerbsfähigkeit garantieren?

4. Märkte von morgen vertriebsintelligent erschließen

Vertriebsintelligente Unternehmen stellen ihren Expertenstatus und ihre Fähigkeit, Kunden einen emotionalen Mehr-Wert zu bieten, in den Mittelpunkt. Diese zwei Punkte bilden die Grundlage dafür, Märkte von morgen zu erkennen und zu erschließen. Wer in die Zukunft investiert, muss zudem auf Forschung und Entwicklung sowie die Bildung bzw. permanente Weiterbildung seiner Mitarbeiter setzen. Ich möchte dies mit dem Begriff »Zukunftsmanagement« umschreiben.

Zukunftsmanagement: Investitionen in Forschung und Entwicklung

Märkte kreieren

Zum Zukunftsmanagement gehören die bereits erwähnten Fähigkeiten des strategischen Weitblicks und der frühzeitigen Trenderkennung. Es versteht sich von selbst, dass Unternehmen, die ein Zukunftsmanagement implementieren wollen, über die Risikobereitschaft verfügen müssen, kräftig in Forschung und Entwicklung zu investieren. Hier sollten die »besten Köpfe« versammelt sein, die – ohne Rücksicht auf die Machbarkeit und sofortige Umsetzung ihrer Ideen – die Freiheit genießen, das Undenkbare zu denken und das Unmögliche zu versuchen. Auch Seiteneinsteiger und nonkonformistische Querdenker, die in der Lage sind, über den Tellerrand hinauszublicken und die Dinge auch einmal aus einer ganz anderen Sicht als der üblichen zu betrachten, gehören in diese Kreativabteilung. Sie sind am ehesten in der Lage, den Tunnelblick, der sich gerade in hoch spezialisierten und fokussierten Unternehmen ausbildet, zu erkennen und die Blickspanne zu erweitern: »Wo überhaupt sind Märkte, die noch unerschlossen sind, wo lassen sich sogar neue Märkte kreieren?«, oder wie *Peter F. Drucker* es ausdrückte: *»The purpose of a company is to create a customer.« (»Der Zweck eines Unternehmens ist es, einen Kunden zu erschaffen.«)*

Erfolgreiche Forschungs- und Entwicklungsabteilungen mit der Kompetenz zum Zukunftsmanagement erklären ihren Erfolg häufig mit dem Satz: »Schon damals erkannten wir, dass dort ungeheure Marktchancen brachlagen …« Doch es genügt nicht, ein paar »Spinner und Querdenker« in einen Raum zu sperren und sie aufzufordern, »jetzt mal schön kreativ zu sein«. Vielmehr nutzen vertriebsintelligente Unternehmen wissenschaftliche Erkenntnisse, Strategien, die von Zukunftsforschern entwickelt worden sind, und Networking, um Zukunft zu erkennen und zu gestalten.

Zukunft antizipieren

Mit Hilfe der Szenario-Technik können realistische, weil aus der gegenwärtigen Situation abgeleitete, mögliche und alternative Zukunftsbilder entwickelt werden.

Bei dieser Technik lösen sich die Szenarienentwickler in Zukunfts-Workshops von den heutigen und gegenwärtigen Strukturen, unternehmen eine Zukunftsreise und entwickeln ein Fernziel, also einen Soll-Zustand, den sie dann auf die Gegenwart zurückbeziehen. Schließlich können Maßnahmen festgelegt werden, die dazu führen, vom Ist-Zustand zum Soll-Zustand zu gelangen. Dazu sind Innovationskraft und Kreativität vonnöten.

Ich persönlich setze als Kreativtechnik zur Zukunftsantizipation gerne die Disney-Kreativitätsstrategie ein:

Disney-Kreativitätsstrategie

Die Disney-Kreativitätsstrategie wurde von *Robert Dilts bei Walt Disney* entwickelt. Wie es sich für einen der kreativsten und teils auch innovativsten Konzerne gehört, handelt es sich dabei um eine weithin einsetzbare Technik, um das kreative Denken und innovative Problemlösungen zu fördern.

Vergegenwärtigen Sie sich die Problemsituation – oder besser: Herausforderung – und nehmen Sie bei Ihren Überlegungen drei verschiedene Positionen ein. Und das ganz wörtlich: Markieren Sie drei Flächen auf dem Boden, so dass Sie tatsächlich die Position des Träumers, des Realisten und des Kritikers einnehmen können.

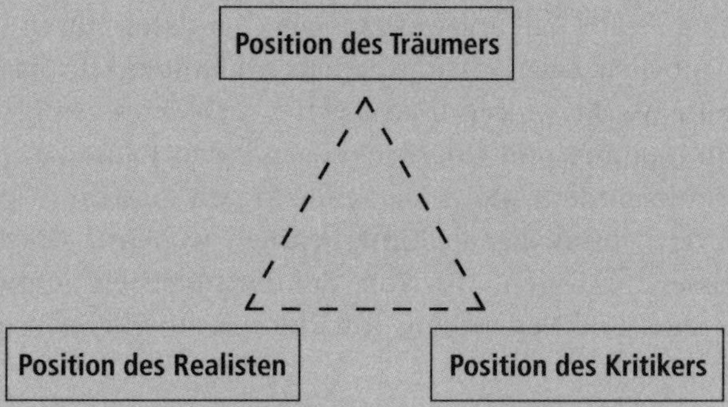

Als *Träumer* fragen Sie sich: »Was will ich?«, und denken sich jede Menge Wege, Alternativen und Ansätze aus. Das ist der visionäre Part, an dem erst mal alles möglich ist. Grenzen gibt es keine.

Als *Realist* organisieren Sie Ihre Pläne und Möglichkeiten, evaluieren die wirklich machbaren Alternativen und entwickeln Vorgehenspläne und Maßnahmenpakete. Die richtige Frage ist hier: »Was will ich tun, damit meine Pläne Realität werden können?«

In der Position des *Kritikers* testen Sie zuletzt Ihren Plan oder Ihre Pläne aus. Fragen Sie sich: »Was kann schief gehen?«, und betrachten Sie vor allem mögliche Hindernisse, Engpässe und Defizite, die der Zielerreichung im Wege stehen könnten.

Unterstützung bei Ihren Szenarien zur Antizipation der Zukunft können Sie zudem aus den so genannten Kondratieff-Zyklen ziehen: Der Ökonom *Nicolai Kondratieff* (1892–1938) analysierte in den 20er-Jahren alles verfügbare statistische Material über die wirtschaftliche Entwicklung Englands, Deutschlands, Frankreichs und der USA und leitete daraus Zyklen ab, in denen nach einem Konjunkturhoch eine Rezession folgt. Auslöser für Konjunkturhochs sind Basisinnovationen, die einen dringenden Bedarf der Menschheit befriedigen. Am Beginn des sechsten Kondratieff-Zyklus, der ungefähr im Jahr 2010 einsetzen soll, sind folgende Trends zu beobachten: Die Menschen haben ein gesteigertes Bedürfnis nach Gesundheit, Individualisierung bei gleichzeitigem Rückzug in vertraute Verbände (»Clanning«) und Well-Being – die Schlagwörter dabei lauten Anti-Aging, Pharmakologie, Cocooning und Clanning. Die Zukunftsmärkte liegen vor allem in den Branchen Biotechnologie, Dienstleistung / Handel, Logistik / Transport und Versicherungen / Vorsorge.

Wissenschaftliche Erkenntnisse nutzen

Ich möchte nicht die Hand dafür ins Feuer legen, dass dem tatsächlich so ist – doch es scheint sich bereits jetzt abzuzeichnen. Wichtig ist mir zu betonen, dass vertriebsintelligente Unternehmen eine »Abteilung für Zukunftsmanagement« aufbauen müssen.

Der Zukunftsforscher und Managementtrainer *Pero Mićić* schlägt in der Zeitschrift *managerSeminare* vor, die mögliche Zukunft durch mehrere »Brillen« zu betrachten und daraus verschiedene Analysen abzuleiten:

Perspektivenwechsel institutionalisieren

- »Die *blaue Brille* fokussiert die wahrscheinliche Zukunft in Form von Annahmen: Wie wird sich unser Umfeld hinsichtlich Kunden, Markt, Technologie und Recht entwickeln? Sie dient der Zukunftsanalyse.«
- »Die *grüne Brille* fokussiert die denkbare Zukunft in Form von Chancen: Welche (Bedrohungen und) Chancen liegen in den zukünftigen Veränderungen? Sie dient der Chancenanalyse.«

- »Die *gelbe Brille* fokussiert die gewünschte Zukunft in Form einer Vision: Wie soll unser Unternehmen in fünf bis zehn Jahren aussehen? Sie dient der Visionsentwicklung.«
- »Die *rote Brille* fokussiert die unerwartete Zukunft in Form von Diskontinuitäten und Szenarien: Wie könnte uns die Zukunft überraschen? Sie dient der Diskontinuitäten-Analyse.«
- »Die *violette Brille* fokussiert die geschaffene Zukunft in Form von Strategien: Wie gestalten wir unsere Strategie zur Verwirklichung unserer strategischen Vision? Sie dient der Strategieentwicklung.«

Networking nutzen

Vertriebsintelligente Unternehmen sind so schlau, sich nicht allein auf sich selbst zu verlassen. Sie bauen, wo immer möglich, strategische Allianzen auf und gehen Vertriebspartnerschaften ein, um sich zukunftsorientierte Vertriebswege zu erschließen. So nutzen sie auch die Zukunftsperspektiven, die sich die Vertriebspartner eröffnet haben. Diese Allianzen und Partnerschaften zeichnen sich durch ein gegenseitiges Geben und Nehmen aus – Networking lautet die Strategie, die dahintersteht.

Vertriebsintelligente Unternehmen arbeiten mit dem gesamten Arsenal des professionellen Beziehungsaufbaus. Dazu zählt nicht nur die klassische Beziehungspflege, die sich in menschlich-sozialen Interaktionen konkretisiert – also etwa Verwandte, Bekannte und Freunde, zu denen ein engmaschiges Beziehungsgeflecht aufgebaut wird, so dass diese als Multiplikatoren wirken. Dazu zählt auch der Aufbau institutioneller und organisatorischer Netzwerke mit Vereinen, Klubs, Verbänden, im Internet, auf Messen, Konferenzen und Kongressen – und vor allem mit anderen Unternehmen, mit denen auch ein Brainstorming dazu stattfindet, wo Zukunftsmärkte entstehen könnten.

Interessant sind dabei branchenübergreifende Allianzen: Ist ein gemeinsamer Zukunftsmarkt erkannt, kann jedes Unternehmen aus dieser Allianz den neuen Kundenmarkt mit Hilfe seiner Kernkompetenz angehen, ohne dass die Unternehmen in Konkurrenz zueinander treten. Gemeinsam werden – etwa auf dem Gesundheitsmarkt – der Kunde und sein Bedürfnis nach Gesundheit und Wellness entdeckt und seine konkreten Erwartungen analysiert. Und dann tritt das eine Unternehmen mit innovativen und kreativen Gesundheitsvorsorgeleistungen an den Kunden heran, während das andere Unternehmen Anti-Aging-Seminare anbietet.

Strategische Allianzen mit mehrfachem Kundennutzen

Natürlich ist es hilfreich, wenn überall an den strategisch wichtigen Stellen in Ihrem Unternehmen beziehungsintelligente Mitarbeiter und Führungskräfte tätig sind, die ihre Fähigkeit zum Beziehungsaufbau und zur Beziehungspflege einsetzen können, um zukunftsorientierte Allianzen und Partnerschaften aufzubauen. Aber auch die Verkäufer »vor Ort« können ihren Beitrag leisten, etwa indem sie in ihren Kundenunternehmen Netzwerke aufbauen. Sie sprechen nicht nur mit dem jeweiligen Entscheidungsträger im Chefbüro, sondern bauen zugleich eine Beziehung zu anderen Menschen im Unternehmen auf – zum Produktionsleiter, zum Abteilungsleiter, vielleicht sogar zum Anwender, der mit dem Produkt arbeitet, das der Verkäufer dem Unternehmen verkauft. Diese Kontaktpflege trägt dazu bei, gezielt auf Kundenentscheidungen einzuwirken – denn der Chef wird zum Beispiel seinen Produktionsleiter in seine Entscheidungsfindung einbinden, und dieser agiert dann wie ein »Verkaufs-Agent« des ihm sympathischen Unternehmens. Zudem erlauben die Erkenntnisse und Erfahrungen, die Ihre Verkäufer an der Basis des Kundenunternehmens gewinnen, dass sie einen aktiven Beitrag zum Zukunftsmanagement leisten.

»Agenten« beim Kundenunternehmen schaffen

Einzigartigkeit in der Nische

Ganz gleich, zu welchen Ergebnissen Ihr Zukunftsmanagement führt: Sie müssen, indem Sie Ihren Kunden einen emotionalen Mehr-Wert bieten und auf der Grundlage Ihrer Kernkompetenzen, in eine konkrete Marktstrategie gegossen werden. Welche Strategieformen aber stehen dazu zur Verfügung? Da sind zunächst einmal die Strategiearten, deren Systematik auf den Strategieexperten *Michael E. Porter* zurückgeht:

- *Strategie der Differenzierung:* Ziel dieser Strategieart ist es, sich innerhalb einer Branche vom Wettbewerb eindeutig zu unterscheiden und eine Sonderstellung einzunehmen.
- *Strategien der Nischenbildung* oder Konzentration auf ausgewählte Schwerpunkte oder ein Marktsegment, in dem ein Unternehmen seine spezifischen Stärken ausspielen kann.
- *Strategie der Kosten- oder Preisführerschaft.*

Erfolg verspricht eine Kombination der Nischen- und der Differenzierungsstrategie: Sie bauen Einzigartigkeit in der Nische mit Ihrem USP auf. *»Die meisten großen Märkte entstehen aus Nischenmärkten«*, so *Regis McKenna*, Gründer und Chairman der *McKenna Group*, einer internationalen Beratungsfirma für Strategie und Marketing. Dabei können Sie mehrere Spielarten der Differenzierungsstrategie nutzen.

Erlebnisstrategie: den Kunden bei den Gefühlen packen

»Gefühle sind Tatsachen« – Beispiel Möbelhaus: Der Kunde kauft nicht, um ein schönes Möbelstück im Wohnzimmer stehen zu haben. Der Kunde kauft es, weil es sein Lebensgefühl ausdrückt, zu seinem Lifestyle passt, weil er mit dem Möbelstück bei anderen Menschen Aufmerksamkeit erregen kann. Oder: Autohäuser dekorieren ihre Ausstellungsräume im Look des neuesten Modells, in Banken zeigt eine Digitaluhr an, um welchen Betrag eine Summe wächst, wenn man sie zu einem bestimmten Prozentsatz anlegt – und wie der Geldbetrag schrumpft, überlässt man ihn auf dem Girokonto der Inflationsrate.

Unternehmen bieten ihren Kunden eine kleine Erlebnisgastronomie – der Möbelunternehmer geht eine Kooperation mit einem gastronomischen Auslieferungsservice ein, der eine Pizza oder einen Imbiss für den Möbelhauskunden anliefert. Der Friseur mutiert zum Verwandlungskünstler und tritt seinen Kunden jeden Monat mit der Frisur eines Promis entgegen.

Voraussetzung bei der Erlebnisstrategie ist die Bereitschaft, ausgetretene Pfade zu verlassen und Neuland zu betreten. Das geht selbst bei scheinbar unattraktiven und wenig spektakulären Produkten: Wer etwa Nägel und Schrauben verkauft, besorgt sich ein Poster von Künstlern, die diese Materialien als Kunstobjekte nutzen, und bietet seinen Kunden an, mit ein paar Nägeln ein kleines Kunstwerk zu zimmern. Immer gilt: Das Produkt oder die Dienstleistung muss in einen ungewöhnlichen Zusammenhang gestellt werden.

Servicestrategie: Serviceoasen in der Servicewüste kreieren

Die Dienstleistung bezahlt in der Regel der Kunde – ein Service hingegen ist das »Sahnehäubchen« auf dem Einkaufskuchen, eine Gratis-Garnierung der Dienstleistung. Ein Beispiel: Der Verkauf des hochwertigen Möbelstücks gehört zur bezahlten Dienstleistung, ebenso wie die Anlieferung. Aber der Tipp des Verkäufers, der sich mit Feng-Shui auskennt und den Kunden informieren kann, wie er sein Wohnzimmer nach den Prinzipien des Feng-Shui einrichten kann, stellt ein Service-Sahnehäubchen dar.

Der Gratis-Service sollte für den Kunden eindeutig wahrnehmbar sein – ansonsten verpufft die Wirkung.

Ein kleiner Trick: Serviceakzente dort setzen, wo man sie eigentlich nicht vermutet, und gerade dann, wenn die Gefahr droht, dass der Kunde unzufrieden wird. Ein unerwarteter Service zum richtigen Zeitpunkt – das vergisst der Kunde bestimmt nicht so schnell.

Im nordrhein-westfälischen Kürten, nordöstlich von Leverkusen, begeistert der Sanitär- und Heizungsfachmann *Michael Montag* seine Kunden durch eine ungewöhnliche Kundenbindungsidee.

Kundenbindungsstrategie: Dialog mit dem Kunden

Jeder Kunde, der sich von *Michael Montag* morgens um acht Uhr die Heizung warten oder die Dusche verschönern lässt, erhält eine Tüte mit Brötchen und einem Croissant. Durch die nützliche Gabe haben sich die Acht-Uhr-Termine und die Anzahl begeisterter Kunden erheblich gesteigert – der Service des einfallsreichen Mittelständlers spricht sich herum. Kunden, für die feststeht: »Beim nächsten Sanitärproblem kommt mir nur der *Montag* ins Haus – *I like Monday!*«, empfehlen ihn fleißig weiter.

Mundpropaganda – Traditionsmarketing mit Zukunft

Aber es gibt auch traditionellere Maßnahmen als jenen »Brötchendienst«, durch die Kunden an ein Unternehmen gebunden werden können. Dazu gehören die regelmäßige Kommunikation mit dem Kunden durch Mailings, das Kundentelefon, die Kundenhotline oder per E-Mail und Internet-Chat. Die Kundenkarte, der Newsletter, die Kundenzeitschrift, besondere Verkaufsveranstaltungen, kleine Preisrätsel, Kundengesprächskreise und -seminare – mit gutem Willen ist für jeden Geldbeutel Kundenbindung und damit die Aussicht auf Mund-zu-Mund-Propaganda möglich. Ja, es gibt sogar einen Trend zur Aktualisierung des hervorragenden Marketingmittels Mundpropaganda: Auf allen möglichen Internetplattformen veröffentlichen Verbraucher ihre Erfahrungen, Testberichte und Empfehlungen zu Produkten, aber auch zu jeder Art von Dienstleistung. Ein Portal wie *www.womma.com* widmet sich gar ausschließlich dem *Mouth-Marketing*, um nur eines zu nennen.

Wichtig ist, mit dem Kunden in einen Dialog zu treten, denn die beste Kundenbindungsstrategie besteht in dem Aufbau eines persönlichen Verhältnisses zum Kunden.

Innovationsstrategie: kleine Innovationen machen auch Zukunft

Innovationen zu kreieren und am Markt bekannt zu machen, kostet Geld. Kleinvieh macht dabei auch Mist: Der Friseur bietet stets die »Frisur des Monats« – und lässt sich dabei durch einen Blick in die Welt der »Schönen und Reichen« per Zeitschrift oder TV inspirieren.

Auch hier gilt: Gebt dem Einfallsreichtum eine Chance! Die Großen machen es vor: telematisch unterstützte Kaufprozesse – ich erinnere an das vernetzte E-Home, bei dem alles von außen über Handy, Internet oder TK-Anlagen erreichbar und steuerbar ist und bei dem sich zum Beispiel der Kühlschrank »meldet«, sobald er nachgefüllt werden muss – oder mobile Abrechnungen aller Dienstleistungen über das Handy sind nur zwei Beispiele dafür, dass auch heutzutage Innovationen möglich sind.

Bei der Bedarfsermittlungsstrategie ist kunden- und nutzenorientiertes Denken gefragt und der Versuch, dem »Problem« des Kunden auf die Spur zu kommen, um ihm ein maßgeschneidertes und emotional aufgeladenes Problemlösungsangebot zu unterbreiten.

Den Bedarf hinter dem Bedarf wahrnehmen

Der Verkäufer etwa im Möbelhaus sollte in der Lage sein, »den Bedarf hinter dem Bedarf« zu erkennen, wenn ein Kunde zwar zunächst einmal ein Kinderzimmer, aber dann vor allem eine Einrichtung kaufen möchte, die mit den Kindern »mitwächst«, also dem Alter entsprechend angepasst werden kann, oder Wert auf Rustikalität legt, weil die »lieben Kleinen« zum Leidwesen ihrer Eltern ungehemmt ihrem Drang zur lieblosen Behandlung ihrer Möbel freien Lauf lassen.

Und der Mitarbeiter im Autohaus sollte nicht nur einen Wagen verkaufen, sondern eine Lösung für das spezifische Problem des Kunden. Der Familienvater benötigt das geräumige und sichere Gefährt und ist vor allem am robusten Komfort interessiert. Der Extravagante will beeindrucken und nutzt den Wagen als Statussymbol, der Pragmatiker legt Wert auf Effizienz, Effektivität, niedrigen Benzinverbrauch und einen Skisack für den Winterurlaub. Der vertriebsintelligente Finanzberater verkauft nicht irgendein Versicherungsprodukt, sondern Lösungen für Probleme und Zukunftswünsche für das *Silver Age* und *Golden Future*.

Alles aus einer Hand – Bundling

Die Strategie der Zusammenfassung und Bündelung von Geschäften zu einem Paket überzeugt, indem sie Komplettlösungen anbietet. Die Bundlingstrategie ist oft nur möglich, indem Unternehmen fusionieren oder kooperieren. Für kleine und mittlere Unternehmen ist die Kooperation oder die strategische Allianz ein gangbarer Weg: Firmen schließen sich zusammen, um dem Kunden ein Komplett-Problemlösungspaket anzubieten. Der Partyservice arbeitet dann mit einer Metzgerei, einem Getränkehandel oder einem Zeltverleih zusammen.

Und natürlich ist eine Kombination der Strategiearten möglich – wie denn auch zumeist keine der Strategien in »Reinkultur« auftritt: Wer beispielsweise den Einkauf für den Kunden zu einem unvergesslichen Erlebnis macht, bietet zugleich einen Gratis-Service und bindet den Kunden an sich. Und die Kundenbindungsstrategie ist stets ein Aspekt aller anderen Strategiearten.

Begleitende Personalstrategien

Die Strategiearten haben eine weitere Gemeinsamkeit: Immer wäre es fatal, den Faktor »Personal« zu vernachlässigen. Denn zum einen würde so die Kundenbindungsstrategie oder die Servicestrategie ad absurdum geführt – ohne »gutes Personal«, ohne gute Mitarbeiter kein Service, keine ausführliche Bedarfsermittlung, keine Kundenfreundlichkeit. Und zum anderen droht die Gefahr, in eine reine Preisstrategie abzurutschen. Also: Jede Strategieart sollte durch eine begleitende Personalentwicklungsstrategie unterstützt werden.

Strategisches Querdenken: der blaue Ozean als Strategie

Neue Märkte entstehen zumeist durch eine vollkommen andere und innovative, also »querdenkerische« Sicht auf Branchen, Positionierungen und Kunden. Das heißt: Auch Ihre Vorgehensweise, wie und mit Hilfe welcher Strategie Sie neue Märkte und Kunden erschließen, muss permanent hinterfragt werden. Ein Beispiel dafür ist der blaue Ozean als Strategie, die von *W. Chan Kim* und *Renée Mauborgne* in ihrem gleichnamigen Buch beschrieben wird. Ausgangsfrage ist, wie morgen Kunden gewonnen werden können, die heute noch gar nicht zu den klassischen Zielgruppen eines Unternehmens gehören.

Bei der Strategie steht also der »Nichtkunde« im Fokus, dem Sie durch Ihren USP einen Nutzen bieten, um so unentdeckte »blaue Ozeane« zu erschließen. Zur Verdeutlichung zitiere ich ein Beispiel der Managementtrainer *Anja Förster* und *Peter Kreuz*, die im Internet unter *www.beratungsletter.com* »clevere Innovationen für Business-Querdenker« anbieten.

»Kunden, die über Vermögen verfügen und dieses gewinnbringend anlegen wollen, sind die idealen Kunden aus Sicht der Banken. Und dieser Logik folgend, sind diejenigen ohne Vermögen auch keine potenziellen Kunden für das Anlagegeschäft – ist doch klar, oder? Die Sparschwein AG hinterfragte genau diese Annahme und stellte sich folgende Frage: ›Wie kann eine Bank Kunden zum Sparen bringen, obwohl sie überhaupt kein Geld haben?‹

Sie kann! Und zwar so: Statt Bargeld zahlt der Kunde bei der Sparschwein AG Sachgegenstände auf sein Depot ein. Und das funktioniert wie folgt: Kunden registrieren sich auf der Homepage, und bald darauf holen Agenten der Sparschwein AG den überflüssigen Fernseher oder PC auf Wunsch ab. Diese Wertgegenstände werden durch Verkauf oder Versteigerung, zum Beispiel bei Ebay, verflüssigt. Der Erlös wird dann auf einem Konto angelegt und verzinst. Auch Lebensversicherungen oder Fonds können so wieder neu bespart werden. Sogar von einer VISA-Karte oder von bedarfsgerechten Sparplänen können Sparschwein-Kunden profitieren. Die Zusammenarbeit mit renommierten Finanzdienstleistern macht's möglich.

›Innovation beim Sparen und damit verbundene Problemlösungen für den Kunden wurden bislang von Banken vernachlässigt‹, so die Finanzmanager Matthias Kröner und Martin Kölsch, die dieses interessante Konzept erfunden haben.«

Branchengrenzen überschreiten

So können Kunden gewonnen werden, die aufgrund der Kundensegmentierung – im Beispiel der Bank – bisher gar nicht wahrgenommen wurden, eben die Kunden, die gar nicht über Vermögen und Geld verfügen. Ähnliche innovative Konzepte sollen nach der Blaue-Ozean-Strategie für »widerwillige« und »sich verweigernde« Kunden implementiert werden.

Förster und *Kreuz* fordern dazu auf, »scheinbar unumstößliche Branchengesetze infrage« zu stellen. Also: Werden Sie zum Querdenker, stellen Sie anscheinend nicht hinterfragbare, weil »bewiesene« Wahrheiten auf den Kopf. *Body-Shop*-Gründerin *Anita Roddick* hat einmal gesagt: *»Zapfen Sie die Energie eines Anarchisten an, und er wird derjenige sein, der Ihr Untenehmen nach vorne bringt.«* Übrigens: die Kreativitätsforschung stellt dazu eine Technik bereit, die »Umkehr-Technik«.

Wie »vermeide« ich es, neue Märkte zu erschließen?

Ihre Kreativität wird immer dann Fortschritte machen, wenn Sie spielerisch an die Sache herangehen: Geheimsprachen entwickeln, Unsinnsgespräche ausdenken, Analogien herstellen, Dinge aus einer vollkommen neuen Perspektive betrachten – dazu der Journalist *Robert Wieder: »Jedermann kann sich über Mode in einer Boutique oder über Geschichte in einem Museum informieren. Der kreative Entdecker sucht nach Geschichte im Eisenwarenladen und nach Mode im Flughafen.«*

Umkehr-Technik

Ändern Sie beispielsweise die Fragestellung – fragen Sie sich: »Wie vermeide ich es, neue Märkte zu erschließen?« Die Umkehr-Technik führt zur Betrachtung des Gegenstandes aus einer ungewöhnlichen Perspektive. Allein die Absurdität der Fragestellung setzt Gehirnzellen in Bewegung, die sonst brachliegen. Das gilt insbesondere dann, wenn Sie mit Ihrem gesamten Verkaufsteam in einem Brainstorming versuchen, durch eine innovative Fragestellung kreative Gehirnstürme zu entfachen – Gehirnsturm: Nichts anderes nämlich bedeutet der Begriff »Brainstorming«.

Durch die Umkehrtechnik entsteht eine Liste mit zahlreichen Ideen, wie Sie neue Märkte erfolgreich links liegen lassen. In einem zweiten Schritt überlegen Sie sich natürlich Gegenmaßnahmen: »Was also können Sie tun, um neue Märkte zu finden und zu erschließen?«

Operation Brainstorm

Sie wollen die Technik erst einmal üben? Dann fragen Sie sich, wenn Sie demnächst die nächste Grillparty planen, die alle begeistern soll: Wie sorge ich dafür, dass die Feier ein Reinfall wird? Aber bitte vergessen Sie dann nicht, mit derselben Kreativität die zweite Frage, die nach den Gegenmaßnahmen, zu beantworten!

Lassen Sie dabei der Fantasie Flügel wachsen. Die Frage »Was wäre, wenn ...?« belebt das kreative Energiepotenzial: »Was wäre, wenn sich die Spielstraße vor unserem Haus rot verfärben würde, sobald ein Auto zu schnell fährt und die Kinder gefährdet?« Oder »Wenn Sie von heute auf morgen finanziell unabhängig wären, wie würde sich Ihr Leben ändern?« Ungewöhnliche Fragen wie diese machen den Weg frei für ungewöhnliche Lösungen und außergewöhnliche Maßnahmen und Handlungen.

Fantasie der Kinder

Apropos Kinder: Sie wissen vielleicht, was passiert, wenn man einem Erwachsenen ein selbst gemaltes Bild mit einem etwas unkenntlichen Fisch vorlegt. »Das ist ein Wal!« Oder vielleicht auch: »Ein Fisch!« Sollen Kindergartenkinder hingegen das Bild interpretieren, erhält man die tollsten, unwahrscheinlichsten und – aus Erwachsenensicht – unmöglichsten Antworten: »Eine Rakete mit Schwimmflossen ... Vögel mit Powerantrieb... meine Mama beim Rasenmähen ...« Der Fantasie der Kinder sind oft keine Grenzen gesetzt – und ihrer Kreativität. *Pablo Picasso* meinte: *»Jedes Kind ist ein Künstler. Das Problem ist jedoch, nach dem Größerwerden ein Künstler zu bleiben.«* Darum: Was können Sie tun, um den Künstler in Ihnen am Leben zu erhalten, um so zur durchschlagenden Marktstrategie zu gelangen?

Und vergessen Sie bei alldem nicht: Entscheidend ist und bleibt immer die Qualität Ihres Produkts oder Ihrer Dienstleistung: *»Wenn das Produkt stimmt, muss man kein großes Marketinggenie sein« (Lee Iacocca).*

Nehmen Sie sich Zeit zur Selbstreflexion!

- Was müssen Sie tun, um ein Zukunftsmanagement aufzubauen?
- Wie machen Sie aus »Zukunftsmanagement« konkrete Innovationen? Wie können Sie den Innovationsgrad in Ihrem Unternehmen anheizen?
- Welche der genannten Strategiearten eignen sich für Sie beziehungsweise Ihr Unternehmen?
- Wie können Sie sich zum kreativen Querdenker und Ihr Unternehmen zu einer kreativen »Denkfabrik« entwickeln?

5. Teil

Mit Gestalterkraft auf die Siegerstraße

1. Den Gestaltungswillen entfalten

Die PS auf die Straße bekommen

Michael Schumacher hat sich wochenlang auf die neue Formel-1-Saison vorbereitet, sein Auto ist technisch ausgereift. Tausende von Trainingskilometern liegen hinter ihm, das Team und er möchten es wissen und wieder Weltmeister werden – in der Fahrerwertung, in der Teamwertung. Jetzt ist eigentlich nur noch eines zu tun: Sie müssen ihre Motivation und ihren unbedingten Willen zum Sieg, sie müssen ihre PS auf die Straße bekommen – also aktualisieren.

Nicht anders verhält es sich mit der VertriebsIntelligenz: Vertriebsintelligente Verkäufer, Führungskräfte, Unternehmer und Unternehmen unterscheiden sich von ihren durchschnittlichen Konkurrenten dadurch, dass bei ihnen der »Gestalterwille« hinzukommt.

Kompetenzbereich G:
Gestalterkraft formt die Zukunft von Unternehmen und Markt

Kernkompetenzen u.a.:

- Visionäre Kraft und Visionskraft
- Entscheidungsfreude, Eigeninitiative, Mut
- Risikokalkulation, Risikomanagement, Risikobereitschaft

- Durchsetzungsfähigkeit, Beharrungsvermögen, Resilienz
- Situative und strategische Lernfähigkeit, Adaption an Zukunftsszenarien: ggf. Umsetzung in neue Ziele unter der(selben) Vision
- Beweglichkeit und Flexibilität
- Handlungsenergie, Ressourcenverwaltung

Ein Bündel an Softskills, das vom Wissen über das Handeln zum Können, also von Kenntnissen zu Erkenntnissen, führt. Es befähigt zur ent-schiedenen Umsetzung der Kernkompetenzen aus den anderen drei Kompetenzbereichen: Schwungrad der Umsatz-Maschine.

Vertriebsintelligente High Performer

Das Sieger-Gen?

Gibt es bei den »Siegern« so etwas wie ein »Gestalter-Gen«? Gibt es Menschen – und Unternehmen –, die qua Veranlagung »Gestalter« sind und die anderen, nämlich die Ängstlichen, die Zurückhaltenden, die Aushalter, die Opfer, hinter sich lassen? Gibt es einen »Determinismus der Sieger«? Meine Erfahrung sagt mir: Nein! Sicher – es gibt Menschen, die aufgrund ihrer Persönlichkeit, ihres Charakters, ihrer Mentalität einen gewissen Vorsprung haben. Und vielleicht gibt es in jedem erfolgreichen Menschen eine Art Basis, eine Veranlagung – aber: *Albert Einstein* hat einmal gesagt, Wissenschaft bestehe zu 95 Prozent aus Transpiration und zu 5 Prozent aus Inspiration. Und wahrscheinlich steckt in jedem vertriebsintelligenten Menschen ein Fünkchen Vertriebsgenialität und Gestalterkraft – der überwältigende »Rest« aber, der zur *High Performance* führt, lässt sich entwickeln, trainieren, entfalten, formen. Um VertriebsIntelligenz auf die Straße zu bringen, sind drei Aspekte bedeutsam:

- Gestaltungswillen entfalten
- Hindernisse identifizieren und eliminieren
- kalkuliertes Risiko kennen und springen

Tempel der tausend Spiegel

Ein indischer Gelehrter, der jetzt in Deutschland wohnt, erzählte mir neulich eine Geschichte aus seiner Heimat: »Eines Tages besucht ein Hund den Tempel der tausend Spiegel. Er steigt die hohen Stufen hinauf, betritt den Tempel, schaut in die tausend Spiegel, sieht tausend Hunde, bekommt Angst und knurrt. Mit eingekniffenem Schwanz verlässt er den Tempel in dem Bewusstsein: Die Welt ist voller böser Hunde.

Kurze Zeit später kommt ein anderer Hund in den gleichen Tempel. Auch er steigt die Stufen empor, geht durch die Tür und betritt den Tempel der tausend Spiegel. Er sieht in den Spiegeln tausend andere Hunde, freut sich darüber und wedelt mit dem Schwanz. Tausend Hunde freuen sich mit ihm und wedeln zurück. Dieser Hund verlässt den Tempel in dem Bewusstsein: Die Welt ist voller freundlicher Hunde.«

Perception is reality – was wir wahrnehmen, halten wir für die Realität. Allzu leicht nehmen wir aber selektiv das wahr, was uns vor eigener Verantwortlichkeit, vor notwendigen Entscheidungen oder unangenehmen Kraftakten bewahrt.

Viele Menschen geben den Verhältnissen die Schuld – und damit die Macht – für das, was sie sind. Und oftmals hören wir derzeit Äußerungen wie »Der Markt ist im Moment halt nicht so, dass was geht«, »Die Stimmung ist mies« oder »Wann soll ich das denn noch machen?!«. – Hören auch Sie solche Klagen von Ihren Mitarbeitern? Singen Sie womöglich selbst ein solches Klagelied? Dann möchte ich noch einmal *Albert Einstein* zitieren: »Wenn die Fakten nicht zur Theorie passen, ändere die Fakten!«

Gestalter gehen hin und suchen, sie finden oder schaffen die Verhältnisse, die Bedingungen, die Voraussetzungen, die Faktenlage, die sie brauchen, um ihre Visionen, Strategien und Ziele zu verwirklichen. Wo andere Probleme, Hindernisse und Stolpersteine sehen, erkennen sie Chancen und Lösungsmöglichkeiten. Sie gestalten selbst, sie ändern die Umstände, sie sind ergebnis- und problemlösungsorientiert, sie sind erfolgsorientiert.

Ein kleines Gedankenspiel mit großer Wirkungskraft

Führen Sie mit Ihren Mitarbeitern und sich selbst doch einmal folgendes kleine Gedankenspiel durch: »Was würden Sie tun, wenn Ihnen der Erfolg für Ihr Handeln garantiert wäre? Wenn es nicht schief gehen könnte – und Sie wüssten dies!« Unsere Gedanken bestimmen unsere Realität und unsere Wahrnehmung, darum sollten wir auf unsere Gedanken achten, denn sie bestimmen unser Tun. Wer die Sicherheit hat, dass Ziele erreichbar sind, vervielfacht seine Handlungsenergie und seine Gestalterkraft. Scheitern ist keine Option! Das Problem dabei: Die in dem Gedankenspiel formulierte Gewissheit gibt es nicht! Aber was spricht eigentlich dagegen, die Einstellung, die in dem Gedankenspiel zum Tragen kommt, zur Grundlage seines Handelns zu machen? Um so die Angst vor den negativen Konsequenzen hinter sich zu lassen, die doch nur die Gestalterkraft, über die jeder Mensch verfügt, lähmt?

Deutlich ist in den letzten Kapiteln geworden: Die richtige Einstellung ist der Erfolgsschlüssel des Vertriebs. Wer jetzt glaubt, ich wolle ausschließlich das Hohelied des positiven Denkens singen, den muss ich enttäuschen. Gemeint ist nicht ein plattes positives Denken, sondern die Ausrichtung auf eine konsequente Kundenorientierung, auf Lösungen und vor allem die Konzentration auf erfolgsfördernde Wertevorstellungen, Überzeugungen und Verkaufserlebnisse.

Der Blick durch die rosarote Brille ist genauso falsch und kontraproduktiv, wie den Kopf in den Sand zu stecken. Auf die Frage, ob das berühmte Glas Wasser halb voll oder halb leer ist, gibt es mehr als nur die Antworten des Optimisten und des Pessimisten: Nämlich die sachliche und realistische Feststellung, dass »50 Prozent des Wassers weg und 50 Prozent noch da sind«. Also: Seien Sie realistisch, statt die Dinge rosarot oder tiefschwarz zu sehen.

Handlungsenergie und Gestalterkraft zu nutzen heißt nicht, in blinden Aktionismus zu verfallen, nach dem Motto: »Handle – und alles wird gut!« Auf dem Weg vom passiven Re-Agierer zum kraftvollen und gestaltungsmächtigen Agierer gibt es immer wieder die kleinen Zwischenschritte des Innehaltens und der realistischen Bilanzierung: »Wo stehe ich, welcher Weg liegt noch vor mir, was muss ich tun, um Stolpersteine aus dem Weg zu räumen, wo liegt die Problemlösung?« Mit der realistischen Reflexion stärken Sie immer wieder Ihre Aktionskompetenz. »Agieren« heißt, seine Möglichkeiten – und die des Unternehmens – aktiv und realistisch zur Erreichung der gesetzten Ziele zu formen, zu entwickeln und einzusetzen.

Gestalterkraft ist kein Wert an sich

Gestalten um jeden Preis kann mithin genauso schädliche Auswirkungen haben wie die einseitige und eindimensionale Fokussierung auf das ach so schlimme Problem. Hinzu kommt: Auch der Gestalter hat durchaus seine Schwächen: Oft wird er von Ehrgeiz, Machthunger, Gier und Profilierungssucht angetrieben. Dabei handelt er zuweilen rücksichtslos gegen sich und andere, er ist dann ungeduldig und unachtsam und benimmt sich auf der Beziehungsebene wie der sprichwörtliche »Elefant im Porzellanladen«. Und als ausgeprägter Gewinnertyp ist er auf den Erfolg angewiesen. Bleibt dieser aus, stürzt er in ein Meer von Selbstzweifeln. Von erfolgreichen Sportlern – und zwar langfristig erfolgreichen – hören wir jedoch immer wieder, dass es gerade die Rückschläge und Niederlagen waren, die entscheidend zu ihrer Weiterentwicklung und zum stetigen Erfolg beigetragen haben.

Mut führt zum Schaffen

Der Gestaltertyp ist also nicht der Erfolgsmensch per se. Sein »Gegenstück«, der Opfertyp, ist häufig sogar gesellschaftlich erfolgreicher, er ist beliebter, weil er diplomatisch geschickt vorzugehen weiß und absoluten Gestaltungswillen durch Anpassungswillen ersetzt. Allerdings: Das führt oft zu einer Lähmung, zu Mitläufertum, Versagensangst und Angst vor Veränderungen. Man liebt zwar die Schwachen, aber man folgt den Starken!

Mut

Was keiner wagt, das sollt ihr wagen
was keiner sagt, das sagt heraus
was keiner denkt, das wagt zu denken
was keiner anfängt, das führt aus.

Wenn keiner ja sagt, sollt ihr es sagen
wenn keiner nein sagt, sagt doch nein
wenn alle zweifeln, wagt zu glauben
wenn alle mittun, steht allein.

Wo alle loben, habt Bedenken
wo alle spotten, spottet nicht
wo alle geizen, wagt zu schenken
wo alles dunkel ist, macht Licht.

Für diese Zeilen über Optimismus, Ideenreichtum und Tatkraft müssen wir *Lothar Zenetti* dankbar sein. Und ich wage es nicht, daraus Zeilen zu streichen (auch wenn sie sicher einer anderen Intention entstammen), um hier eine verkürzte Version wiederzugeben, denn jede Zeile lässt sich auf Kernkompetenzen der VertriebsIntelligenz, insbesondere auf die der Gestalterkraft, beziehen.

Klima der Angst

Wer sich im Land umschaut, stellt fest: Zurzeit ist das Glas oft halb leer – all die Krisengespräche, Konferenzen und Meetings, in denen allein Krisenbewältigung und Krisenmanagement auf der Agenda stehen, führen zu einem Klima der Angst und Depression. Da hilft auch keine PR-Kampagne »Du bist Deutschland«; das ist ja für manche geradezu das Problem ...

Natürlich haben diese Gesprächsrunden im Normalfall ihre Berechtigung, aber: Es ist an der Zeit, einen Kontrapunkt zu setzen und eine »Erfolgs-Story« zu schreiben – etwa in einer Gesprächsrunde, in der Sie – als Unternehmer, Vertriebsleiter oder Führungskraft – »das Erfolgsfördernde« zum Gesprächsthema machen. Dabei geht es nicht um den optimistischen Hinweis auf das halb volle Glas. Es geht um die realistische Einschätzung dessen, was – zum Beispiel – im letzten Monat schlicht und einfach »gut gelaufen« ist, und darum, aus dieser Einschätzung Gestalterenergie zu generieren.

Sechs Schritte zum Handeln

Wenn es kein Gestalter-Gen gibt, sondern vielmehr die Möglichkeit, sich aktiv mit Aktions- und Handlungsenergie aufzuladen, existiert dann auch eine Strategie, wie sich Gestaltungswillen aktiv herbeiführen lässt? Sinnvoll ist es, die folgenden sechs Schritte zu gehen:

Schritt 1: SMARTE Ziele haben und kennen

Sinnvolle Ziele setzen, die mit der Persönlichkeit, dem Charakter und der Mentalität übereinstimmen und in Bezug zu den individuellen Werten und Überzeugungen stehen, sorgen für die Startenergie, ohne die richtungweisendes Gestalten nicht möglich ist. Wer gestalten will, muss wissen, welche Ziele er damit verfolgt. Dabei sollten die Ziele SMART sein – das heißt:

- S: das Ziel **S**innesspezifisch formulieren

Sinnesspezifisch

Setzen Sie Ihre Fähigkeit ein, Ziele zu visualisieren. Denn so können Sie Ihr Unterbewusstsein für ein bestimmtes Vorhaben »programmieren«. Damit meine ich nicht, dass der Mensch und der menschliche Geist mit Maschinen vergleichbar sind, die Sie nach Belieben manipulieren können. Aber der menschliche Geist lässt sich doch beeinflussen. Welches Bild, welcher spezielle Film entsteht vor Ihrem geistigen Auge, wenn Sie an Ihr Ziel denken, es sich vorstellen?

Legen Sie Ihre Ziele klar und eindeutig fest und stellen Sie sich in einem Bild den gewünschten Soll-Zustand vor, in dem Sie sich nach Erreichen dieses Ziels befinden. Denn das Unterbewusste kann bildhafte Informationen hervorragend verarbeiten. Sie sollten daher den gewünschten Soll-Zustand in kräftigen und motivierenden Bildern malen und dabei möglichst viele, oder gar alle, Sinne ansprechen.

Ich bleibe wieder beim Sport (eine Bildsprache im Übrigen, die ich genau aus diesem Grund gewählt habe, weil die meisten von Ihnen als Siegertypen auch erhebende, emotionalisierende Sporterfahrungen gemacht haben dürften):

Zieleinlauf

Ein inspirierendes und sehr motivierendes Bild für jeden, der plant, am NY-Marathon teilzunehmen, oder der bereits daran teilgenommen hat, ist der Zieleinlauf, die letzte Etappe – die Strecke vom UN-Gebäude zum Ziel im Central Park. Diesen bieten die Veranstalter mit dem *Friendship-Run* einen Tag *vor* dem Rennen an. Was dabei passiert, ist die Visualisierung! Mit allen Sinnen wird positiv erlebt, wie gigantisch der Zieleinlauf am nächsten Tag sein wird, und auch, *wo genau* sich der Zieleinlauf befindet. Ich sage Ihnen: eine enorme Hilfe für den Läufer, wenn er am entscheidenden Tag sowohl das Hochgefühl des Zieleinlaufs als auch die (gestern noch) damit verbundenen Kraftreserven aufrufen kann!

Mit der Technik des Visualisierens können Sie Ihre innere Bilderwelt so aufbauen, dass Ihre Vorstellungen und Wünsche erfolgreich umgesetzt werden. Die Sprache der Bilder ist die Sprache des Unterbewusstseins. Innere Bilder, die mit entsprechenden positiven Emotionen besetzt sind, wirken motivierend auf alle Bereiche, die dazu beitragen, dieses Bild zu verwirklichen. Das menschliche Gehirn agiert ganz gezielt und setzt dabei die ganzheitlichen Fähigkeiten der rechten Gehirnhälfte ein. Die Macht dieser Vorstellung ist frappierend, wie gerade die neuesten Erkenntnisse aus der Gehirnforschung zeigen. Die Vorstellung eines emotionalen Erlebnisses, beispielsweise als Zuschauer im Fußballstadion oder beim Marathon, löst auf Basis der Botenstoffe (Dopamin, Endorphin) dieselben Gefühle aus, als wenn es selbst getan oder erlebt worden wäre. Das Gehirn macht aus Psychologie Biologie! Denken Sie nur an die emotionale WM 2006 in Deutschland.

Vorstellungskraft

Dabei können Sie auch »Spots und Filme produzieren«. Was Sie dazu brauchen, haben Sie ständig bei sich: Ihre Vorstellungskraft. Mit Hilfe der Vorstellungskraft »produzieren« Sie beispielsweise einen »Motivationsspot«, um die Dinge in Ihr Leben zu bringen, die Sie sich wünschen. Zuerst sollten Sie sich auf das Wesentliche konzentrieren, um dann die Energie auf all die Bereiche auszudehnen, die mit eingebunden werden sollen. Dabei kommt es immer darauf an, dass nicht nur die Quantität der Energie, die eingesetzt wird, stimmig ist, sondern vor allem die Qualität. Schmücken Sie daher Ihre geistigen Bilder, Ihre geistigen Filme mit zahlreichen visuellen Eindrücken aus, in denen es farbig und bunt zugeht, riechen Sie die Bilder, schmecken Sie sie, hören Sie das, was auf den Bildern vorgeht, »fassen« Sie Ihre geistigen Bilder an.

Wenn es Ihnen dann leichter fällt, machen Sie es teuer: Stellen Sie sich vor, wie es wäre, wenn *Steven Spielberg* einen Film über Ihr Leben drehen würde ... mit Ihnen in der Hauptrolle. Wie würden Sie sich geben, verhalten, denken ...? Und zum Schluss fragen Sie sich: Wie genau sieht es aus, wenn Sie Ihre Ziele erreicht haben? Wie hört und fühlt sich die Zielerreichung an?

- M: **M**essbare Ziele setzen

Messbar

Legen Sie fest, woran Sie erkennen, dass Sie persönliche, vertriebliche und unternehmerische Ziele erreicht haben. Welche Erfolgsparameter stehen zur Verfügung? Wie machen Sie Ihr Vorhaben messbar? In welcher Werteinheit messen Sie konkret? In absolutem Umsatz, in Euro oder Dollar, in Deckungsbeiträgen, Produktivitäten, Einheiten oder in Prozent ...?

- A: die Kraft der **A**ls-ob-jetzt-Formulierung nutzen und **A**ttraktive Ziele setzen

Attraktiv Überlegen Sie, was ein Ziel für Sie so erstrebenswert macht. Formulieren Sie das Ziel gehirngerecht und als ob Sie es schon erreicht hätten. Wichtig ist, das Bild so lebendig und präzise wie möglich zu malen und sich mit dem dargestellten Zustand zu identifizieren.

Das Ziel muss also im Präsens formuliert sein, es darf keine Absichtserklärung enthalten, sondern muss den gewünschten Zustand als bereits erreicht beschreiben, und positiv sein.

Also zum Beispiel: »Ich bin als neuer Abteilungsleiter gemeinsam mit meinen Mitarbeitern erfolgreich!« Bitte beachten Sie dabei: Das Unterbewusste kann mit sprachlichen Verneinungen nichts anfangen, so dass Sie sie vermeiden sollten. Der Gedanke »Ich denke *nicht* daran, dass das Mitarbeitergespräch auch schief gehen könnte« führt dazu, dass Sie ab sofort öfter an misslungene Mitarbeitergespräche denken. Oft höre ich Mütter ihren Kindern zurufen: »Fall da nicht runter!« Doch genau das passiert, sie fallen herunter!

- R: **R**ealistische Ziele setzen

Realistisch Ihre Ziele dürfen nicht im Wolkenkuckucksheim angesiedelt, aber natürlich auch nicht zu niedrig gehängt sein. Finden Sie den goldenen Mittelweg zwischen Über- und Unterforderung. Nur so bleiben Sie im Wohlfühlkanal, in dem Ihre Gestalterkraft weder überstrapaziert noch unterfordert wird. Und noch ein Hinweis: Das Ziel an sich darf kein negatives sein, das zum Beispiel einem anderen Menschen zum Nachteil gereicht. Das Ziel »Ich werde meinen Konkurrenten um den vakanten Abteilungsleiterposten mit hinterhältigen Mitteln aus dem Feld schlagen« ist keines. Ebenso wenig: »Ich wäre gern schlanker.« Oder: »Wir müssen mehr Umsatz machen.« Das sind keine Ziele, weil Ziele positiv und klar definiert sein müssen. Seele und Körper verstehen keine negative Definition und werden Ihnen daher nicht viel Energie zum absoluten Durchhalten liefern. »Ich will diese Chef-Position im Unternehmen erreichen ...«, das können Sie sich merken. »Ich will am 01. Juli diesen Jahres 90 Kilogramm wiegen«, »Ich werde mit meiner Beförderung zum Chefrepräsentanten am 01. Juli diesen Jahres mit meiner Mannschaft 6 Millionen Euro Umsatz gemacht haben.« – *Das* können Sie sich auch merken. Denn es ist positiv formuliert, es ist präzise, es ist erreichbar und es hat ein Datum.

- T: Ziele mit richtigem **T**iming setzen

Terminierung

Brechen Sie Ihre Ziele in Teilziele herunter und fertigen Sie einen detaillierten Zeitplan an. Bis wann haben Sie Ihr Ziel erreicht? Und wann genau? Eine SMARTE Formulierung wäre: »Am 31.03. werden wir mit Kunden 1 bis n 12 Millionen Euro Umsatz gemacht haben. Am 30.04. werden wir XY Millionen Euro Umsatz gemacht und dafür folgende Maßnahmen zusätzlich eingeleitet haben: …«

Oder bleiben wir im eher Privaten: »Am 01.01.07 stelle ich mich auf die Waage, mir passen meine Hosen, ich fühle mich großartig, dann wiege ich 80 kg!«

Schritt 2: Zielerreichung überprüfen

Ziele müssen überprüft, kontrolliert, hinterfragt, reflektiert, sich ändernden Rahmenbedingungen angepasst – und damit verändert werden. Halten Sie nicht stur an den einmal gesetzten Zielen fest. Fragen Sie sich immer wieder: »Bin ich noch auf dem richtigen Weg? Will ich dieses Ziel *wirklich* erreichen?« Denn es nutzt nichts, wenn Sie Ihre PS auf die Straße bringen – es sich jedoch um die falsche Straße handelt. Man stelle sich vor, wie Ihre Mannschaft den Waldweg teert, während der Wald jedoch schon brennt!

Schritt 3: Hindernisse überwinden

Kennen Sie jemanden, der seine Ziele erreicht hätte, ohne dass es Rückschläge gegeben hätte? Dann rufen Sie mich bitte sofort an – dieses »Wundertier« muss ich unbedingt kennen lernen! Erarbeiten Sie sich Problemlösungsstrategien, die helfen, Hindernisse konsequent aus dem Weg zu räumen.

Schritt 4: Handlungsimpulse herbeiführen und nutzen

In Schritt 3 beseitigen Sie Hindernisse – jetzt geht es darum, aktiv Handlungsimpulse herbeizuführen und zu nutzen. Bei Schritt 3 und 4 hilft das FERKEL!-Prinzip, das Sie im nächsten Kapitel kennen lernen.

Schritt 5: Unterstützung suchen

Verbündete suchen

Networking, Beziehungsmanagement – diese Aspekte der VertriebsIntelligenz kennen Sie bereits. Schaffen Sie sich »Agenten«, also Informanten, die Ihnen aus verschiedenen geschäftlichen, unternehmerischen oder privaten Zusammenhängen wichtige Informationen für Ihre Ent-Scheidungen liefern können. Und »Herolde«, die im gegebenen Fall Ihre Entscheidungen oder Ergebnisse voller Begeisterung nach außen tragen, die im Unternehmen »Werbung« für Sie machen oder (andere) Vorstandsmitglieder auf Ihre Seite ziehen können. Zumindest können Herolde Entscheidungsvorlagen ins Unternehmen »ventilieren«, damit man sehen kann, wie die allgemeine Stimmungslage daraufhin ist, wie der Vorschlag ankommt.

Kurz: Überzeugen Sie Anhänger, nutzen Sie Ihre Beziehungen und Ihre Netzwerke, um Verbündete zu gewinnen. Aber haben Sie auch den Mut, sich von Menschen – von Mitarbeitern – zu trennen, die sich nicht mit Ihnen entwickeln wollen oder können, die Sie hemmen und beeinträchtigen.

Schritt 6: Ins Handeln kommen

Der letzte Schritt ist der entscheidende: das Tun, das Handeln. Einmal muss Schluss sein mit dem Planen, Überlegen und Reflektieren. Vielleicht kennen Sie die 72-Stunden-Regel – sie besagt: Wenn man sich etwas vornimmt, muss man innerhalb von 72 Stunden den ersten Schritt durchführen, da sonst die Chance nahezu null ist, dass man das Vorhaben überhaupt ausführt und die vorhandene Motivation in Leistung, in Resultate, umsetzt. Und innerhalb von 72 Stunden kann auch bedeuten: jetzt, sofort, hier, gleich jetzt! *»Was alle Erfolgreichen miteinander verbindet, ist die Fähigkeit, den Graben zwischen Entschluss und Ausführung äußerst schmal zu halten«*, so *Peter F. Drucker.*

Übrigens: Die sechs Handlungsschritte bilden einen Kreislauf, das heißt: Wer in der letzten Phase handelt, muss eine Erfolgskontrolle durchführen und eventuell Ziele neu formulieren oder bestehende Ziele ändern. Der Kreislauf beginnt von vorne!

Nehmen Sie sich Zeit zur Selbstreflexion!

- Wie ist es um Ihren Gestaltungswillen bestellt?
- Inwiefern können Sie die »sechs Schritte zum Handeln nutzen«, um Gestaltungsenergie zu generieren?
- Übertragen Sie die Handlungsschritte auf Ihre persönliche Situation. Nehmen Sie sich eine verzwickte oder unangenehme Entscheidungslage vor und entwerfen Sie mit Hilfe der Strategien Lösungsmodelle. Exekutieren Sie diese dann auch!

2. Gestaltungshindernisse wegräumen: das FERKEL!-Prinzip

Auf der Basis unsicherer oder unvollständiger Informationen – und wo gibt es einen zukünftigen Markt, bei dem diese unsichere oder unvollständige Faktenlage nicht anzutreffen ist! – präzise Entscheidungen zu treffen und durchzuführen, dazu gehören Mut, Gestaltungswillen und eine hohe Risikobereitschaft. Doch häufig meldet sich in solch risikobehafteten Situationen jene innere Stimme, die suggeriert, jede Veränderung bringe nur Probleme mit sich – und sollte deshalb doch besser unterbleiben.

Mit FERKEL! gegen den inneren Schweinehund

Mühsal der Veränderung

»Bedenke doch nur die Mühsal der Veränderung«: Die innere Stimme – der innere Schweinehund – verabscheut jede Veränderung, für ihn ist das Festhalten am etablierten Ist-Zustand überlebensnotwendig. Er weist süffisant darauf hin, »dass es bisher doch auch ganz gut geklappt« habe, und liefert ein Argument nach dem anderen, dass eine Veränderung doch nur Kampf, Krampf und Chaos bedeute.

Die Totschlagargumente und verinnerlichten Glaubenssätze des inneren Schweinehundes wie »Das klappt ja sowieso nicht und ist viel zu aufwändig« bieten einen willkommenen Anlass, alles beim Alten zu belassen. Und das betrifft nicht nur den Opfertyp – nein, auch der Gestaltertyp kämpft ab und an mit Selbstzweifeln und muss sich mit dem inneren Schweinehund auseinander setzen. Doch der Gestaltertyp verfügt über eine Gegenwaffe, ein homöopathisches Gegenmittel: Er bekämpft Gleiches mit (fast) Gleichem, er führt das FERKEL!-Prinzip gegen den inneren Schweinehund ins Feld.

Wer gestalten will, benötigt Handlungsimpulse

Das FERKEL!-Prinzip umfasst sieben Handlungsimpulse, die zur Gestalterkraft führen und für Einzelpersonen gleichermaßen Gültigkeit besitzen wie für das Unternehmen als Ganzes. Mit FERKEL! lassen sich insbesondere Gestaltungshindernisse aus dem Weg räumen, die die kreative Entfaltung der VertriebsIntelligenz behindern – in erster Linie eben der innere Schweinehund.

- **F** wie Fokussierung

Stärken ausbauen

Zu Beginn begegnet uns ein Impuls, der bereits bei der Entwicklung der durchschlagenden Marktstrategie und der Erfolgsgeschichte der *Hidden Champions* eine wichtige Rolle gespielt hat – die Fokussierung: Wer sich verzettelt, schrumpft, wer sich fokussiert, wächst. Was dies auf die Unternehmen bezogen heißt, ist also bekannt. Auf Ihre Mitarbeiter und Sie bezogen aber bedeutet diese Fokussierung, neben der Akzeptanz von Schwächen, die Stärken und Schlüsselkompetenzen auszubauen – wie ein Sportler, der sich immer mehr auf die Entwicklung seines spezifischen Talents, seiner Begabung konzentriert und so Spitzenleistungen zu erbringen in der Lage ist.

Die Fokussierung auf einige wenige Stärken unterliegt im Laufe der Zeit natürlich Veränderungen: Die russische Stabhochspringerin *Jelena Isinbajewa,* die seit Jahren den Stabhochsprung der Frauen absolut dominiert und an die 20 Weltbestleistungen errungen hat, konnte ihren Wettbewerbsvorsprung noch weiter ausbauen, indem sie 2006 eine spezielle Anlauf- und Absprungtechnik einstudiert hat: den freien Absprung. *Isinbajewa* hebt nun genau in dem Moment ab, in dem sie den Stab in die Absprungbox rammt.

Die einzelnen Bewegungen addieren sich so zu einer Kettenreaktion, die eine ruckartige Beschleunigung nach oben ermöglicht. Der Absprung erfolgt nun früher. Die Russin beweist, dass selbst bei einer hoch spezialisierten Spitzensportlerin eine weitere Fokussierung zu noch besseren Leistungen führt.

- **E** wie Entspannen und **E**rkennen

Den inneren Schweinehund einschläfern

Die Stimme des inneren Schweinehundes wühlt auf, stört, hemmt, blockiert. Ein Gegenmittel heißt »Entspannung«. Genügend Schlaf, progressive Muskelentspannung, autogenes Training, Yoga, immer wieder die Phasen der vollkommenen Konzentration und Leistungserbringung durch Pausen unterbrechen und rhythmisieren: Das hilft, alsdann wieder richtig zupacken, konsequent agieren, mit neuem Schwung Anlauf zu neuen Höchstleistungen nehmen zu können. Der innere Schweinehund wird eingeschläfert – Sie aber »wachen auf«, haben den Gestalterenergietank neu aufgefüllt und sind fit für die Bewältigung neuer Aufgaben. Auch hier liegt die Analogie zum Sport nahe: Beobachten Sie einmal, wie Spitzensportler vor ihrem Auftritt in sich versinken, meditieren, Kraft sammeln.

Erkennen und Nachdenken

Das erste FERKEL!-E hat aber noch eine zweite Bedeutung: das Erkennen, die Reflexion, das Nachdenken, das Überlegen – gerade in Entspannungsphasen ist die Erreichung einer höheren Bewusstseinsebene möglich, in der Gedankenblitze, plötzliche geniale Eingebungen und Einfälle die Schweinehund-Suaden besiegen, ja eliminieren.

Das Selbstbild vieler Führungskräfte ist immer noch geprägt durch das Ideal der souveränen Führungspersönlichkeit, die rational und »mit Verstand geschlagen« die Zügel fest in der Hand hält. Es wächst jedoch die Akzeptanz, nicht allein die Rationalität als Basis von Führungs- und Entscheidungsprozessen anzuerkennen. Die rationale Analyse allein reicht in einer immer komplexeren und vernetzten Umwelt nicht mehr aus, um effektiv führen und entscheiden zu können. Es ist

die Intuition, die die Komplexität von Problemstellungen reduziert, indem sie das dahinter stehende Muster erkennen lässt.

Viele Menschen sind Gefangene eines auf linearer Kausalität und rationalen Prinzipien beruhenden Denkmodells. Es fällt ihnen schwer zu akzeptieren, dass der Mensch die Grenzen der Rationalität durchaus sprengen kann. Doch spätestens seit *Porsche*-Chef *Wendelin Wiedeking* in dem Unternehmermagazin *Impulse* verriet, wie wichtig die Intuition und die innere Stimme für viele seiner millionenschweren Entscheidungen gewesen seien, sind Bauchgefühl und emotionale Intelligenz als Ratgeber willkommen. Das heißt: Die innere Stimme des FERKEL!s kann die hemmende innere Stimme des Schweinehundes durchaus »ersetzen« und zu einer neuen Erkenntnisqualität führen.

Intuition als Weg zur Stärke

Sehen Sie sich als ganzen Menschen, der bei Entscheidungsfindungen und der Beziehungsgestaltung zu Mitarbeitern und Kunden seine Fantasie und die kreativ-innovativen Fähigkeiten der rechten Gehirnhälfte ebenso nutzt wie die logischen, rationalen, linearen und mathematischen Komponenten der linken Gehirnhälfte. »Rationalität« soll mithin nicht über Bord geworfen werden – Ratio und Intuition sind als sich ergänzende Aspekte des Menschseins zu verstehen.

Oft wird der Zugang zur Intuition durch Stress und Belastungen verschüttet. Darum helfen Entspannungstechniken und Atemübungen, einen Zustand der inneren Ruhe und Gelassenheit herzustellen, in dem es am besten möglich ist, die innere FERKEL!-Stimme wahrzunehmen. Dies geschieht in einem »Geistesblitz«, bei dem in einem Moment vollkommener Klarheit etwa eine Problemlösung aufscheint. Die Lösung lag quasi »auf der Straße«, man war aber nicht fähig, sie zu erkennen.

Die innere FERKEL!-Stimme äußert sich häufig durch körperliche Signale: ein Kribbeln in der Bauchgegend, der Kloß im Hals, eine Verspannung. Die Körpersignale weisen auf bewusste und unbewusste Erfahrungen hin und deuten ein gegenwärtiges Ereignis auf dem Hintergrund dieser Erfahrungen. Darum sollten Sie diese Signale nicht beiseite schieben, sondern zu deuten versuchen.

- **R** wie Ruck

Energie mobilisieren

Das FERKEL!-»R« bedeutet, sich einen Ruck zu geben, im entscheidenden Moment die Handlungs- und Gestalterenergie zu aktualisieren: »Jetzt, und zwar genau jetzt, ist der Moment da, zu handeln, zu agieren, aktiv zu werden.« Bei Leichtathleten, die vor ihrer sportlichen Leistung eine Konzentrationsphase einlegen können und zumindest zum Teil bestimmen dürfen, wann sie – zum Beispiel – springen, ist dies sehr schön zu beobachten, etwa beim Hochsprung. Der Sportler tänzelt auf und ab, konzentriert sich, geht seinen Sprung im Geiste durch – und dann gibt er sich einen Ruck, er explodiert quasi innerlich, er startet, er läuft an, er springt, er überwindet die Anziehungskraft der Erde – mit einem kräftigen Ruck!

- **K** wie Kooperieren

Zusammenarbeit

Die Luft an der Spitze ist dünn. Viele Führungskräfte in der Topmanagementebene verstehen oder erleben sich als Einzelkämpfer, die oft genug einsame Entscheidungen zu fällen haben. Doch mit diesem Einzelgängertum stoßen viele Führungskräfte in Zeiten, in denen die Teamarbeit und ein mitarbeiterorientierter Führungsstil immer wichtiger werden, schnell an Grenzen. Notwendig ist die Entwicklung vom Einzelgänger oder »Alleinherrscher« zum kooperativen und kooperierenden Teamplayer, der mit anderen zusammenarbeitet und dabei auch in der Lage ist, Befugnisse, Verantwortung und Macht abzugeben. Sie müssen sich nicht auf jedem Gebiet auskennen – aber in der Lage sein, ein Team von Experten um sich herum zu versammeln und dieses Team zu führen, zu motivieren und zu einer geeinten Mannschaft zu formen. Holen auch Sie sich motivatorische Unterstützung – gegen ein Team hat der innere Schweinehund kaum Chancen, sich durchzusetzen.

- **E** wie Erfahren

Probieren und Tun

»Erfahrungen sind der Anfang aller Dinge« – so formulierte es schon *Aristoteles.* Wer wissen will, wie ein Apfel schmeckt, muss hineinbeißen. Wenn Ihr Sohn oder Ihre Tochter das Fahrradfahren lernen will, muss Ihr Kind das selbst »erfahren«, sich einfach auf das Rad setzen und losfahren – und die Erfahrung machen, dass es durchaus auch schief gehen kann. Und wenn dann der innere Schweinehund sein Wort erhebt: »Siehst du, ich habe es dir doch gleich gesagt, du kannst es einfach nicht!«, dann ist es wichtig, wieder aufzustehen und es noch einmal zu probieren – und noch einmal – und noch einmal. Kinder kennen im Übrigen das Ergebnis »Fahrrad fahren« und wissen nichts vom Scheitern. Außerdem sind sie erlebnisorientiert – Fallen und dann wieder Aufsteigen kann ein schönes Spiel sein …

Wie oft wohl wird ein Biathlet am Schießstand daneben getroffen haben, bis es ihm gelingt, auch unter Extrembelastungen die kleine schwarze Scheibe immer wieder zu treffen? Wie oft wohl wird der Golfer den Ball getoppt oder den Rasen geliftet haben, bis es ihm gelingt, traumwandlerisch sicher abzuschlagen oder einzuputten (wobei die typische Golfer-Erfahrung zeigt, dass der nächste Abschlag ein lautes »Fore« verlangt, oder ein beherztes Herumsuchen am Bachlauf)? Wie oft wohl wird *Jelena Isinbajewa* im Training den falschen Anlaufweg und die falsche Anlaufgeschwindigkeit gewählt haben, bis sie das richtige Timing gefunden hatte?

Erfahrungen verdichten sich zu Glaubenssätzen und Gewohnheiten, die Entscheidungen beeinflussen, die zum Handeln führen und Ergebnisse zeitigen, die wiederum in den individuellen Erfahrungsschatz einfließen.

Fatal wäre es nun zuzulassen, dass sich Erfahrungen, die negativ besetzt sind – wenn also etwas nicht geklappt hat –, zu Gewohnheiten verdichten. Auch diese Erfahrungen, gewonnen im konkreten Tun, müssen als Gelegenheit begriffen werden, lernen zu können und zu dürfen und voranzukommen. Hier entscheidet sich, ob der innere Schweinehund die Oberhand gewinnt. Also: Auch der Biss in den wurmstichigen Apfel trägt zu Ihrer Weiterentwicklung bei!

- **L** wie Leid, Lust oder Lachen

Veränderungen

Veränderungen gehen stets auf Leid zurück – so meinte sinngemäß *Johann Wolfgang von Goethe*. Und tatsächlich: Veränderungen haben immer mit der Verabschiedung liebgewonnener Gewohnheiten zu tun, sie führen Trennungsschmerz mit im Gewande. Neue Erfahrungen sind immer vergleichbar mit dem Betreten einer neuen unbekannten Insel, die Überraschungen bereithält – auch unliebsame. Eine schöne Gelegenheit für den inneren Schweinehund, die er gewiss beim Schopfe fassen wird – es sei denn, Sie haben von vornherein akzeptiert und wissen, dass die Veränderung auch schmerzhaft und leidvoll sein kann.

Viele Menschen sind zu Verhaltensänderungen erst bereit, wenn ihre Schmerz- und Leidensgrenze erreicht ist. Besser ist es freilich, wenn Sie Lust auf Veränderungen haben, auch auf die schmerzhaften, und so in der Lage sind, auch Dinge zu tun, die Sie sonst vielleicht nicht tun würden. Schauen Sie der Veränderung mit einem Lächeln entgegen, ohne Verkrampfung, vielmehr locker und entspannt – sehen Sie sie als etwas Positives, das Ihr Leben bereichern wird.

- **!** wie Agieren!

Ausführen

Kommen wir zur Quintessenz: Wer das FERKEL!-Prinzip lebt, kann gar nicht anders, als dem Imperativ des inneren FERKEL!s, das endgültig den inneren Schweinehund besiegt hat, zu gehorchen – und zu agieren, die Dinge auszuführen, zu gestalten, ins Handeln zu kommen!

Kurz: Das Risiko bei jeder Ent-Scheidung – auch und besonders auf Unternehmensebene – zu kennen, zu kalkulieren, abzuwägen gegen die erzielbaren Vorteile … und dann zu springen!

Nehmen Sie sich Zeit zur Selbstreflexion!

Das FERKEL!-Prinzip stellt einen Leitfaden zum Handeln dar, das von Ihnen mit Leben gefüllt werden muss. Also:

- Wie vertreiben Sie Ihren inneren Schweinehund?
- Was bedeutet das FERKEL!-Prinzip für Sie – konkret und Buchstabe für Buchstabe?

3. Zusammenfassung

In den fünf Teilen dieses Buches haben Sie viele Strategien, Techniken und Impulse kennen gelernt, die ich über die Jahre entwickelt und in der Beobachtung von tatkräftigen Umsatz-Maschinen – von außergewöhnlich erfolgreichen Unternehmen und Unternehmern – verifiziert habe. Diese kann man zuverlässig einer der vier Kompetenzbereiche der VertriebsIntelligenz zuordnen. Die Kompetenzen innerhalb dieser Bereiche müssen dazu jeweils zu einer bestimmten Könnerschaft ausgebildet sein. Dann ist der Erfolg unausweichlich.

Entwicklung und Wachstum in Balance

Doch, ja – auch Umsatz-Maschinen machen Fehler. Unternehmensführer, die über lange Zeit Garant für großartige Wachstumserfolge waren, straucheln. Firmen, die über »Umsatz-Maschinen im Keller« zu verfügen schienen, fallen in den Rankings und auf den Märkten zurück. Fast immer, weil sie nicht mehr in allen vier Kompetenzbereichen die benötigten Kernkompetenzen zur definierten Könnerschaft beherrschten. Das aber ist notwendig: Entwicklung und Wachstum in Balance.

Was für außerordentlich erfolgreiche Verkäufer und Unternehmensführer gilt, gilt auch für das ganze Unternehmen: Niemals nachlassen in den Bemühungen, die markterforderlichen Kernkompetenzen immer weiter anzupassen und weiterzuentwickeln – dies ist eine Frage auch der ethischen (Selbst-)Führung. Der Fisch stinkt oft vom Kopfe her.

Daher: Lassen Sie selbst nie nach. Wenden Sie das VI-Kompetenzmodell auf sich als Führungskraft, als Vertriebsleiter oder Unternehmensführer sowie auf Ihr Unternehmen an. Welche Kernkompetenzen der VertriebsIntelligenz können Sie zur Ihrer Umsatz-Maschine machen?

Nie nachlassen

Wer Außer-Ordentliches erreichen will, muss manchmal eben aus der Ordnung treten; die Perspektive des Denkens und des Tuns radikal ändern; sich mit neuen Kompetenzen neue Sichtweisen eröffnen; Visionen erweitern. Mit einem Wort: die Umsatz-Maschine anwerfen!

Literaturverzeichnis

Bierbaum, Georg / Marwitz, Klaus / May, Horst: *Happy Selling*. MVG, Frankfurt / Main, 2001

Blanchard, Ken: *Full Steam Ahead – volle Kraft voraus! Die Kraft der Visionen*. GABAL, Offenbach, 2004

Buhr, Andreas: *Agiere. Schritte zur Kraft des Handelns*. Orell Füssli, Zürich, 2005

Buhr, Andreas: »Paradigmenwechsel in der Vorsorge – Konsequenzen für den Vertrieb.« In: Geffroy, Edgar (Hrsg.): *Die Zukunft der Finanzdienstleistung. Die besten Redner der Rothmann Akademie*. Redline Wirtschaft, München, 2005

Buhr, Andreas / Müller, Wolfgang: *GO! Die Kunst das Leben zu meistern*. MVG, Frankfurt / Main, 2002

Christiani, Alexander: *Weck den Sieger in dir! In 7 Schritten zu dauerhafter Selbstmotivation*. Gabler, Wiesbaden, 2000

Ederer, Günter / Seiwert, Lothar J.: *Der Kunde ist König*. GABAL, Offenbach, 2000

Enkelmann, Nikolaus B.: *Mit Freude erfolgreich sein. Motivieren – Begeistern – Überzeugen*. MVG, Frankfurt / Main, 2000

Fink, Klaus: *Bei Anruf Termin*. Gabler, Wiesbaden, 2005

Fournier, Cay von: *Die 10 Gebote für ein gesundes Unternehmen. Wie Sie langfristigen Erfolg schaffen*. Campus, Frankfurt / Main, 2005

Fournier, Cay von: *Der perfekte Chef. Führung, Mitarbeiterauswahl, Motivation für den Mittelstand*. Campus, Frankfurt / Main, 2006

Frankl, Viktor E.: *Der Mensch vor der Frage nach dem Sinn. Eine Auswahl aus dem Gesamtwerk*. Piper, München, 2005

Gierke, Christiane: *Persönlichkeitsmarketing.* GABAL, Offenbach, 2005
Goldmann, Heinz M.: *Wie man Kunden gewinnt. Das weltweit erfolgreichste Leitbuch moderner Verkaufspraxis.* Cornelsen, Berlin, 14. Aufl. 2005
Heiland, Carlheinrich: »Das Schmiermittel Reputation.« In: Köhler, Hans-Uwe L. (Hrsg): *Best of 55. Die Olympiade der Verkaufsexperten.* GABAL, Offenbach, 3. Aufl. 2006
Jung, Rüdiger H. / Kleine, Meinolf: *Management.* Hanser, München, 1993
Kim, W. Chan / Mauborgne, Renée: *Der blaue Ozean als Strategie. Wie man neue Märkte schafft, wo es keine Konkurrenz gibt.* Hanser, München, 2005
Kobjoll, Klaus: *Motivaction. Begeisterung ist übertragbar.* MVG, Frankfurt / Main, 5. Aufl. 2004
Köhler, Hans-Uwe L. / Müller-Gerbes, Geert: *Verkaufen. Aber wie? Bitte!* GABAL, Offenbach, 2003
Lay, Rupert: *Ethik für Manager.* Econ, Düsseldorf, 1989
Limbeck, Martin: *Das neue Hardselling. Verkaufen heißt Verkaufen – So kommen Sie zum Abschluss.* Gabler, Wiesbaden, 2005
Lubbers, Bernd-Wolfgang: *TeamIntelligenz. Ein intelligentes Team ist mehr als die Summe seiner Kompetenzen.* Gabler, Wiesbaden, 2005
Mićić, Pero: »In die Welt von morgen blicken.« In: *managerSeminare,* Heft 62 / 2003, S. 18–27
Mićić, Pero: *Das ZukunftsRadar. Die wichtigsten Trends, Technologien und Themen für die Zukunft.* GABAL, Offenbach, 2006
Prochnow, Erik: »Kraft der inneren Stimme.« In: *Impulse* 8 / 2004, S. 46–51
Scheelen, Frank M. / Tracy, Brian: *Personal Leadership.* MVG, Frankfurt / Main, 3. Aufl. 2005
Simon, Hermann: *Die heimlichen Gewinner – Hidden Champions: Die Erfolgsstrategien unbekannter Weltmarktführer.* Heyne, München, 1998
Simon, Hermann: »Die heimlichen Gewinner – Hidden Champions: Erfolgsstrategien unbekannter Weltmarktführer.« In: *Der Karriereberater* 7 / 1996, Bonn 1996, S. 207–224
Stempfle, Lothar: »Das ›Einwand-freie‹ Kundengespräch.« In: *FinanzWelt* 02 / 2006, S. 104–105
Thust, Wolfgang: *Geldmaschine Strukturvertrieb.* Mecklenbrauck Verlag, Bergkamen, 3. Aufl. 1998
Ullmann, Hans-Guenther: »Faszination ›Charisma‹ – Wunderwaffe oder Modeerscheinung.« In: *Der Karriereberater* 5 / 1998, Bonn 1998

Über den Autor

»Die Qualität meines Denkens, meiner Fragen bestimmt die Qualität meines Lebens.« Nach diesem Leitsatz lebt und arbeitet Andreas Buhr.

Sein Studium der Betriebswirtschaftslehre in Bielefeld und im Schweizer St. Gallen schloss er mit dem MBA ab. 1980 startete er parallel seine berufliche Karriere bei der *Hamburg Mannheimer Versicherung AG*. Er war verantwortlich für den Verkauf im Außendienst und zählte bereits mit 28 Jahren zur Spitze einer der größten Vertriebsorganisationen in Europa. Zu seinen Aufgaben gehörte die Gewinnung von neuen Mitarbeitern, die Ausbildung und Entwicklung von Verkäufern und Führungskräften sowie die Planung und Durchführung von Seminaren.

In Detmold (Lippe) 1960 geboren und aufgewachsen, lebt Andreas Buhr seit 1987 mit seiner Frau Karin und seinen zwei Söhnen in Düsseldorf. Dort gründete er 2001 die *go! Akademie für Führung und Vertrieb*. Andreas Buhr war langjähriger Dozent für Kommunikation an der *University of Phoenix*, Arizona und hat einen Lehrauftrag an der *ZJU International Businessschool* in der Schweiz.

Seine Arbeit als Referent und Trainer zeichnet sich durch große Praxisnähe, überzeugende Techniken und Engagement aus. Als Pragmatiker integriert er die Erfahrungen seiner Vertriebstätigkeit direkt in die Seminararbeit. In den letzten 25 Jahren nahmen mehr als 150 000 Menschen an seinen Veranstaltungen teil. Sein sportlicher Ehrgeiz, die Begeisterung für den Marathonlauf und die Erfahrungen als Skilehrer haben sowohl sein Privatleben als auch die Menschen in seinem beruflichen Umfeld geprägt.

Als Experte für VertriebsIntelligenz ist Andreas Buhr Expert-Member im Club 55, dem Europäischen Expertenteam für Marketing und Verkauf. Er gehört als *Excellent Speaker* zu den gefragtesten Rednern in Europa. Andreas Buhr ist Autor mehrerer Bücher, darunter *GO! Die Kunst das Leben zu meistern, Agiere – Schritte zur Kraft des Handelns* sowie Co-Autor von *Best of 55 – Die Olympiade der Verkaufsexperten* (GABAL 2005) und *Sex sells – Mythos oder Wahrheit* (GABAL 2006).

go! Akademie für Führung und Vertrieb
Grafenberger Allee 115–117
D-40237 Düsseldorf
Fon: + 49 (0) 211 / 9 66 66 45
Fax: + 49 (0) 211 / 9 66 66 52
Internet: www.go-akademie.com
E-Mail: info@go-akademie.com

Stichwortverzeichnis